이벤트 선물포장

김혜정 지음

예신 Books

포 장지의 한 면 한 면을 정성스런 마음으로 접을 때 상대에게 전해지는 기쁨은 배가 됩니다. 손끝에서 만들어지는 창의적인 포장에 사랑과 감사의 마음을 담아 전한다면 받는 사람 또한 당신의 깊은 배려에 감동을 받게 될 것입니다.

보통 사랑하는 사람을 위해 이벤트를 준비하거나 존경하는 분께 선물을 드리고자 할 때 어떻게 하면 자신만의 특별함이 담긴 포장을 할 수 있을지 고민하게 되는데, 이 세상에서 단 하나뿐인 나만의 선물 포장을 할 수 있다면 주는 사람 받는 사람 모두에게 행복함을 선사하지 않을까 생각해 봅니다.

선물을 포장할 때 우리는 가끔 고민에 빠지게 됩니다. 규격화되지 않은 다양한 상자로 인해 포장지의 재단에 어려움을 겪을 때가 있기 때문입니다. 상자 규격에 따라 포장지의 크기가 달라지므로 상자 모양을 고려해서 약간의 유동성 있는 재단을 요구하고 있습니다.

이 책은 어버이날, 스승의 날, 명절, 연인을 위한 생일이나 발렌타인데이 등 특별한 이벤트가 필요한 날 전달하는 선물의 포장으로, 각각의 분위기에 맞는 독특한 포장으로 구성되어 있습니다. 주로 한지를 이용하여 만들어졌으며 상세한 과정 사진을 보고 순서대로 따라하기만 하면 누구나 쉽게 만들 수 있도록 하였습니다. 특히 선물 포장 일에 종사하거나 선물을 직접 포장하고 싶어하는 분들께 소중한 자료집이 되었으면 합니다.

마지막으로 이 책을 출간해 주신 출판사 사장님과 편집부 직원들, 사진을 촬영해 주신 구자익 실장님께 감사드립니다.

김혜정(bijou434@naver.com) 씀

C O N T E N T S [차 례]

Part 02

명절 때 전하는 선물 포장하기

Part 03

친구나 연인에게 전하는 선물 포장하기

Part 01

존경하는 분께 드리는 선물 포장하기

부모님, 스승님을 비롯한 존경하는 분께 드리는 사랑의
선물을 정성과 마음을 다해 은혜에 보답하는 마음으로
예쁘게 포장해 보자.

코사지 선물 포장

패션 연출할 때 멋쟁이들에게 꼭 필요한 코사지를
한지를 이용해서 예쁜 꽃 모양으로 포장해 보자.
노랑과 분홍 한지를 멋스럽게 조화시켜 연꽃이 피어나듯
연출해 본다.

How to make

재료 한지, 코사지, 핑킹가위, 매듭실, 노리개

01 두 가지 색상의 한지를 가로 40cm×세로 40cm 크기로 준비한다.

02 크기에 맞게 칼로 재단한다.

03 재단한 한지 위에 코사지를 올려놓는다.

04 한지의 양쪽 모서리를 사진과 같이 마주 잡는다.

05 또 다른 모서리 부분을 잡아 골고루 주름을 잡는다.

06 끝부분을 핑킹가위로 잘라준 후 주름 부분을 매듭실로 묶는다.

07 또 다른 색상의 한지를 준비한다.

08 서로 마주보는 모서리 부분을 잡아준다.

09 다른 쪽도 잡아준다.

10 네 귀퉁이를 모두 잡고 주름을 잡는다.

11 복주머니 목 부분을
잡아준 후 핑킹가위
로 자른다.

12 목 부분을 매듭실로
묶어준다.

13 풀리지 않도록 돌려
묶어준다.

14 매듭실을 옷고름으
로 묶어 마무리한다.

알아두세요!

- 10에서, 겉지 주름을 잡을 때 속지 주름이 더 길어서
  올라와 보여야 예쁘게 보인다.

위에서 본 꽃 장식

부채 선물 포장

여성들에게 예쁜 부채 하나 정도는 여름 필수품으로
부담 없이 선물하기에 좋다.
올여름엔 부채 선물을 예쁜 한지로 포장해서 전해 보자.

How to make

재료 한지, 부채, 부채 상자, 펀치, 풀, 칼

01 한지 위에 부채를 올려놓는다.

02 한지를 상자둘레+시접(2~3cm), 상자 양쪽 높이+길이로 재단한다.

03 부채 상자둘레를 한지로 감싼다.

04 끝부분에 풀칠한다.

05 한지를 겹쳐서 붙여준다.

06 길이로 끝까지 붙여준다.

07 양쪽 높이 부분을 안쪽으로 접어준다.

08 위, 아래를 차례로 접은 후 풀칠하여 붙인다.

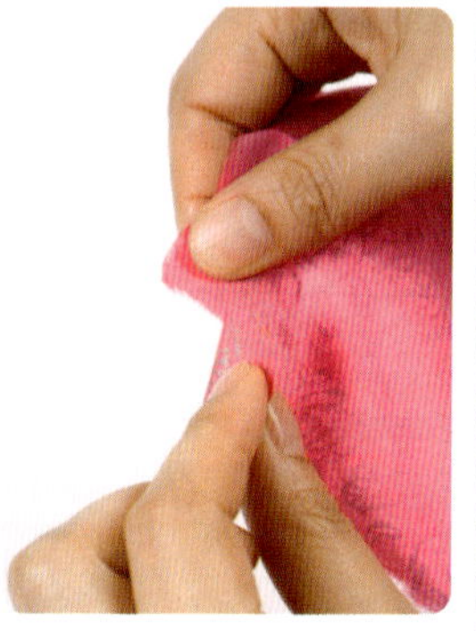

09 한지를 결대로 찢어준다.

10 찢은 한지를 포장된 상자 위로 풀칠하여 붙인다.

같은 색상의 한지 준비하기

11 10(폭)×20(길이)cm 의 한지를 준비한다. 앞으로 한 번, 뒤로 한 번 접어 부채 모양을 만든다.

12 부채 모양으로 접은 한지를 1/2로 나눈다.

13 접은 한지를 V자 모 양으로 접는다.

14 하단에 펀치로 구멍 을 뚫어준다.

15 구멍에 알을 끼운다.

16 펀치를 이용하여 고 정시킨다.

17 포장된 상자를 준비 한다.

18 상자 윗면에 부채를 붙여준 후 노리개를 구멍에 끼워준다.

스카프 선물 포장

가을과 함께 찾아오는 높은 하늘과 자연의 분위기에 꼭 있어야 할 스카프.
가을 분위기를 멋스럽게 연출할 수 있도록 스카프를 포장해 보자.
우리의 멋이 살아 있는 한지를 풍물놀이의 악기 도구인 소고 모양으로 만들어
재미를 더해 본다.

How to make

재료 한지, 원통, 스카프, 칼, 가위, 문양, 양면테이프, 풀

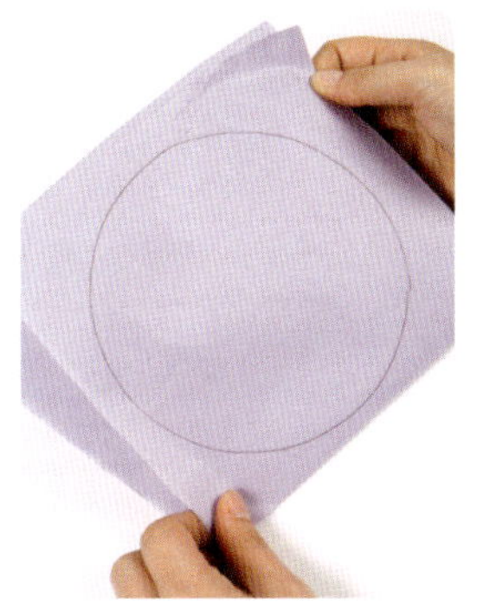

01 한지에 원통을 대고 그대로 그려준다.

02 네 장을 윗면, 속윗면, 속아랫면, 아랫면 순서로 겹쳐 자른다.

03 원통 크기만큼 네 장을 잘라둔다.

04 상자 안쪽 원둘레와 바깥쪽 원둘레를 잘라 만든다.

05 04의 잘라놓은 한지를 상자에 풀칠하여 붙여준다.

06 위, 아래 돌려가며 붙인다.

07 한지를 안쪽 뚜껑과 바닥에 붙인다.

08 안쪽 테두리 둘레를 붙인다.

09 안쪽에 한지를 깔끔하게 붙여 기본 상자를 만든다.

10 뚜껑을 덮었을 때 하나의 원통이 되도록 잘 마무리해 준다.

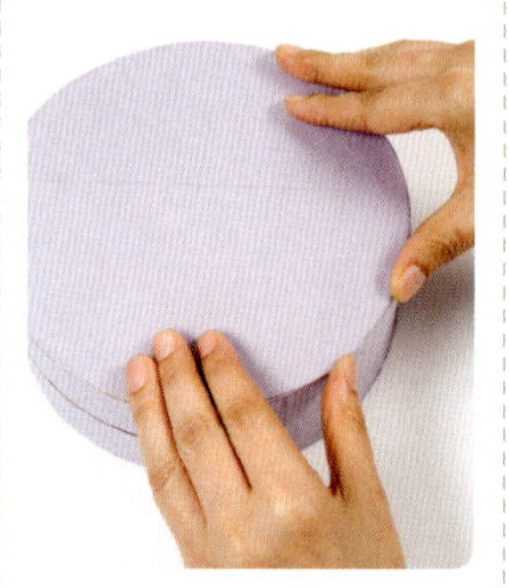

*   배접 : 종이나 헝겊
    또는 얇은 널조각 따
    위를 여러 겹 포개어
    붙이는 것을 말한다.

11 바닥과 뚜껑이 완성
된 상태이다.

12 스카프를 잘 접어 통
안에 담는다.

13 원통의 뚜껑을 덮어
준다.

❋❋ 원통에 문양 붙이기

14 가위로 자른 전통 문
양을 한지에 배접해
다시 자른다.(2장)

15 문양을 한지에 풀칠
하여 붙인다.

문양은 인터넷에서 검색 : 한국의 전통 문양을 검색해서
프린트하여 가위로 오린다.

16 다시 한지 뒷면에 풀
칠한다.

17 16을 상자 윗면, 아
랫면에 붙여준다.

서로 다른 색상의 한지 세 가지 준비하기
폭：5cm, **길이**：원통둘레＋10cm

18 세 가지 색상의 한지를 준비한다.

19 세 개의 한지 시작 부분을 겹쳐준다.

20 머리 따듯이 보라색 띠를 사선으로 연두색 띠 옆으로 접는다.

21 연두색 띠를 노란색 띠 옆으로 접는다.

22 노란색 띠를 보라색 띠 옆으로 오도록 접는다.

23 보라색 띠를 다시 연두색 띠 옆으로 오도록 한다.

24 원둘레만큼 접으면 끝부분을 마무리해 풀로 고정시켜 준다.

25 원통에 만든 띠를 둘러준다.

매듭실 준비하기

26 원둘레에 삼색 띠 시작 부분을 양면테이프로 고정시킨다.

27 원통에 삼색 띠를 둘러주어 고정시킨다.

28 매듭실로 삼색 띠 위를 한 번 둘러준다.

29 한 번 묶어준 후 옷고름 모양으로 매준다.

알아두세요!

• 상자 둘레 부분의 띠는 머리 따듯이 접는 방법으로 만든다.
• 우리 전통 포장을 할 때 매듭은 보통 싱글 보로 외고름이라 부르기도 한다. 주름을 접을 때도 홀수로 많이 접는다.

수국 꽃다발 선물 포장

어버이날, 스승의 날, 생신, 웃어른께 꽃다발을 선물하고 싶을 때
장미보다는 고급스러우면서 품위 있어 보이는 수국을 한글이 새겨진
은은한 한지로 포장하여 한국의 미를 살려보자.

How to make

재료 한지, 수국 2송이, 노리개, 매듭실, 칼

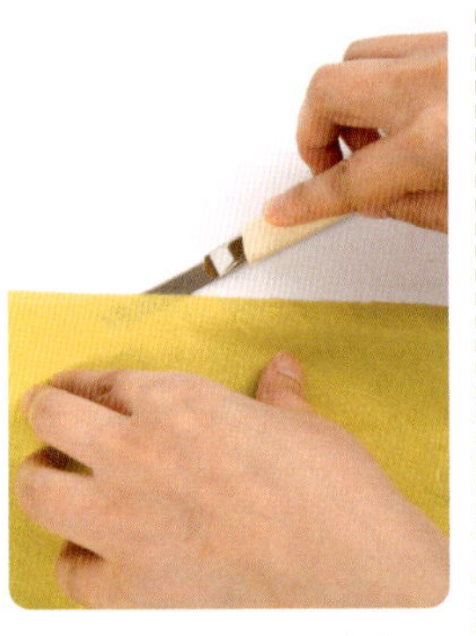

01 한지 전지를 펼친 후 이등분하여 2장을 준비한다.

02 각각 잘라놓은 한지를 반으로 접는다.

03 반으로 접은 한지로 수국을 감싼다.(수국은 물관을 꽂은 채로 포장한다.)

04 한지를 수국의 앞쪽으로 감싸준다.

05 다른 한 송이도 준비한 한지로 감싸준다.

06 한지를 앞쪽으로 감싸준다.

07 각각 한지로 감싼 두 송이의 수국을 나란히 잡는다.

08 한 손으로 두 송이의 수국을 모아 잡은 후 또 다른 한지를 준비한다.

09 한글 한지를 두 송이의 수국에 갖다 댄다.

10 한글 한지로 두 송이를 하나가 되도록 감싸준다.

11 한지를 앞으로 모아 준다.

12 매듭실을 준비하여 한글 한지 부분에 갖다 댄다.

13 매듭실로 한글 한지 부분을 한 바퀴 돌려 묶어준다.

14 매듭실로 다시 한 바퀴 돌려 묶어준다.

15 30cm 정사각형 한지를 준비한다.

16 한지를 반으로 접어 준다.

17 한지를 한 번 더 반으로 접는다.

18 접은 후 핑킹가위로 끝을 잘라준다.

19 자른 다음 한지를 한 번 펴준다.

20 중간을 잡고 주름을 잡아준다.

21 14의 꽃다발 앞쪽에 주름잡은 한지를 대 준다.

22 앞서 묶었던 매듭실로 한 바퀴 돌려 묶어준다.

23 묶어준 후 매듭을 짓는다.

24 손으로 한지 꽃모양을 만져준다.

25 전체적으로 풍성하게 보이도록 잘 다듬어준다.

26 수국 꽃다발의 완성된 모습이다.

수국의 꽃봉오리를 따로따로 포장한다.

핸드백 선물 포장

부모님께나 혹은 존경하는 분께 핸드백을 선물하고
싶다면 구멍이 뚫린 색다른 느낌의 독특한 한지로 멋을
내어 포장해 보자.

How to make

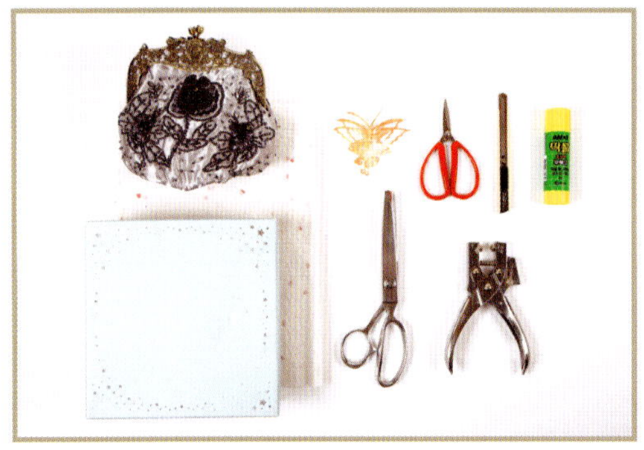

재료 한지, 상자, 핸드백, 나비 문양, 가위, 핑킹가위, 펀
치, 칼, 풀

01 한지 위에 상자를 올
려놓는다.

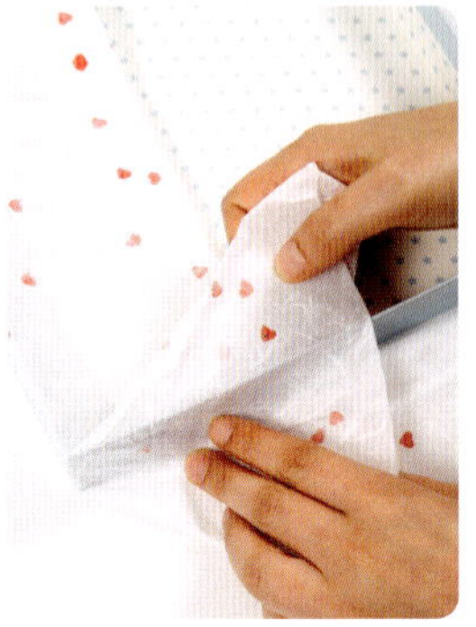

02 한지를 그대로 상자
안으로 접어 넣는다.

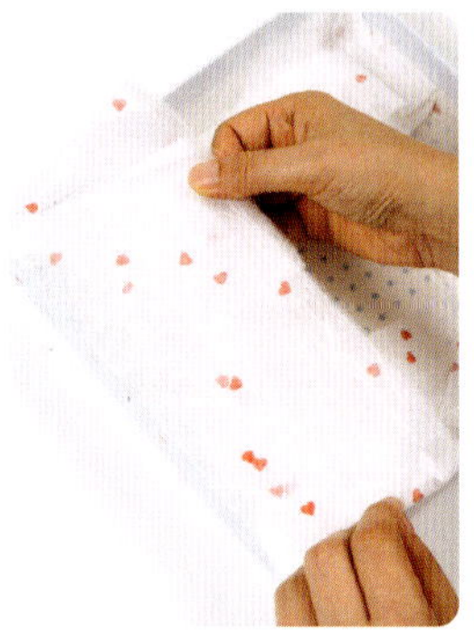

03 한 면씩 모서리 끝을
안으로 접어준다.

04 한 면씩 접어준다.

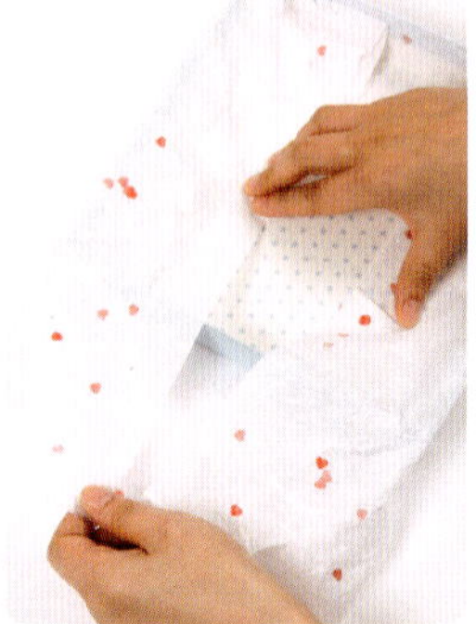

05 안으로 넣어 풀로 고
정시킨다.

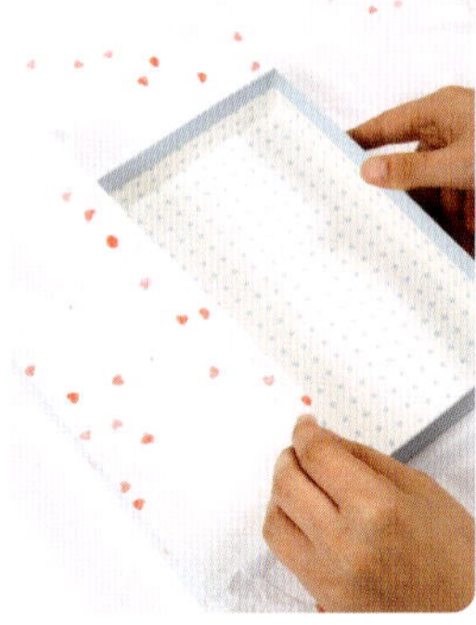

06 뚜껑도 같은 방법으
로 한지를 안으로 접
는다.

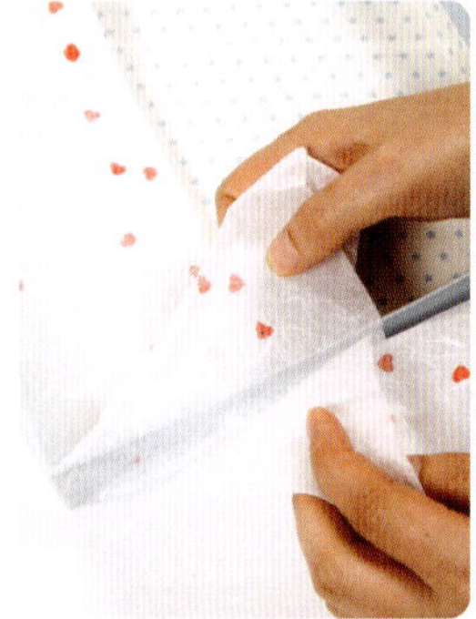

07 한지를 안쪽으로 집
어넣는다.

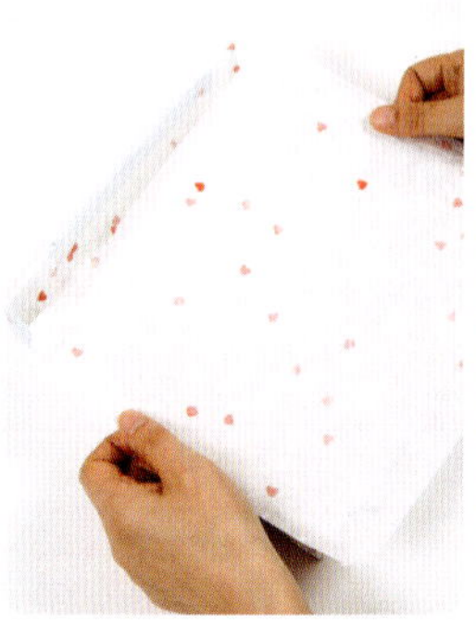

08 한지를 안쪽으로 집
어넣은 후 풀칠하여
고정시킨다.

09 다시 구멍 뚫린 한지
로 이중 포장한다.

10 상자 안으로 시접을
말아 넣어준다.

11 다른 면의 시접도 상 자 안으로 넣어준다.

12 밀어 넣은 후 풀칠하 여 마무리한다.

13 뚜껑도 구멍 뚫린 한 지를 준비하여 감싸 준다.

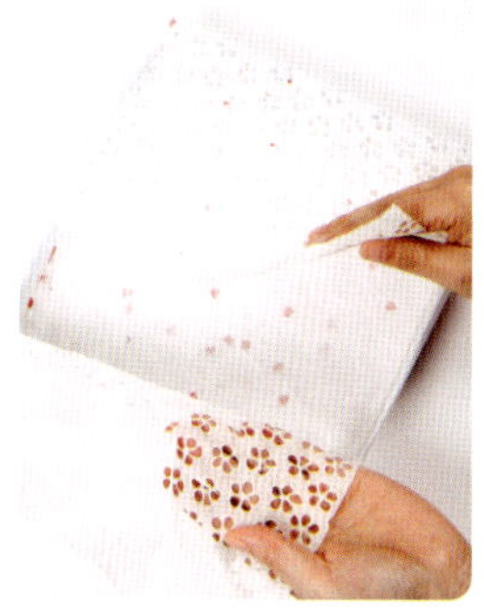

14 다른 한쪽도 구멍 뚫 린 한지로 뚜껑을 감 싸준다.

15 상자에 다른 한지를 구겨 넣는다.

16 상자에 핸드백을 가 지런히 넣어준다.

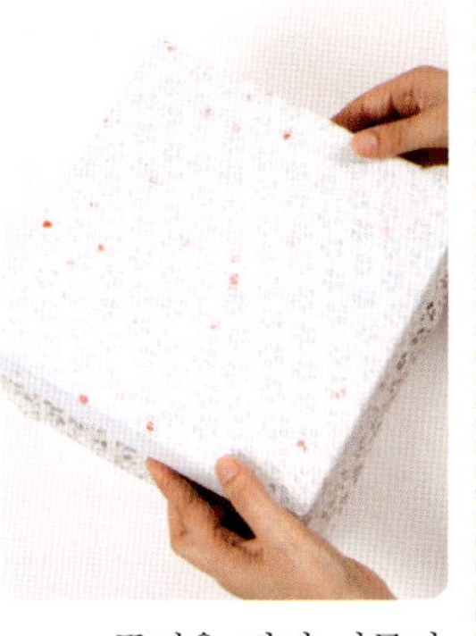

17 뚜껑을 덮어 마무리 한다.

알아두세요!

• 가방이나 부피감이 있는 선물을 포장할 경우 자칫 딱딱할 수 있기 때문에 겉 포장 은 볼륨감 있는 부드 러운 한지나 포장지 를 사용한다.

보자기처럼 묶어 나비와 같이
날개를 펼치듯 모양을 잡아준다.

색상 다른 한지 준비하기
폭 : 1cm, **길이** : 30cm

18 폭 1cm, 길이 30cm 의 한지 띠에 양면테 이프를 붙인다.

19 양면테이프를 벗긴 다음 한지 띠를 꼬아 준다.

20 두께를 일정하게 꼬 아 마무리한다.

21 폭 10cm, 길이 50cm 의 다른 색상의 한지 를 준비하여 상자를 감싸 준다.

22 손으로 한지 끝부분 을 잡고 주름을 잡아 준다.

23 20에서 준비한 매듭 끈으로 한지를 묶어 준다.

알아두세요!

• 한지로 끈을 꼬아줄 때 촘촘히 하는 것보다 느 슨하게 꼬아주면 자연스럽게 연출할 수 있다.

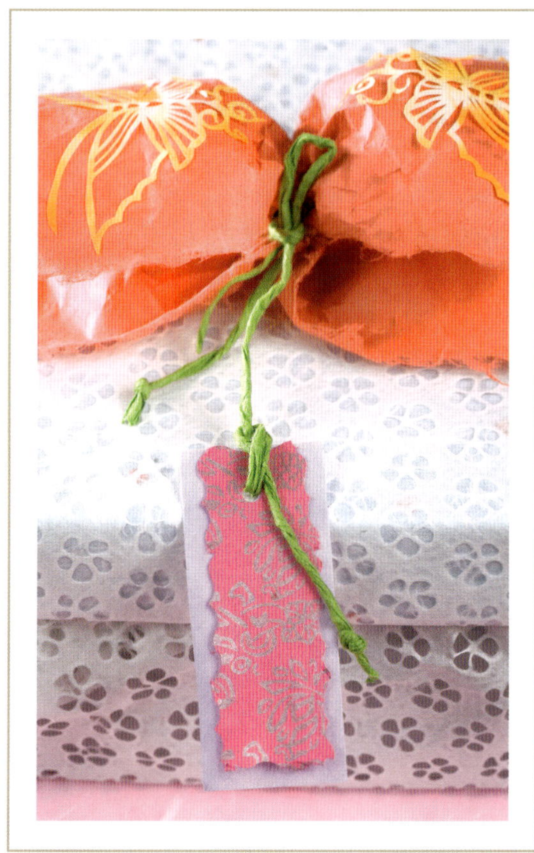

나비 문양 준비하기

24 연보라색 한지를 준비하여 폭 5cm, 길이 10cm로 자른다.

25 분홍색 한지는 3×7cm 크기로 준비하여 핑킹가위로 가장자리를 자른다.

26 24와 25 두 개의 한지를 겹쳐준다.

27 겹친 한지에 펀치로 구멍을 뚫어준다.

28 23에서 만든 매듭끈을 태그 구멍에 넣어 연결한다.

29 매듭끈을 묶어준다.

30 매듭끈을 옷고름 모양으로 묶어준다.

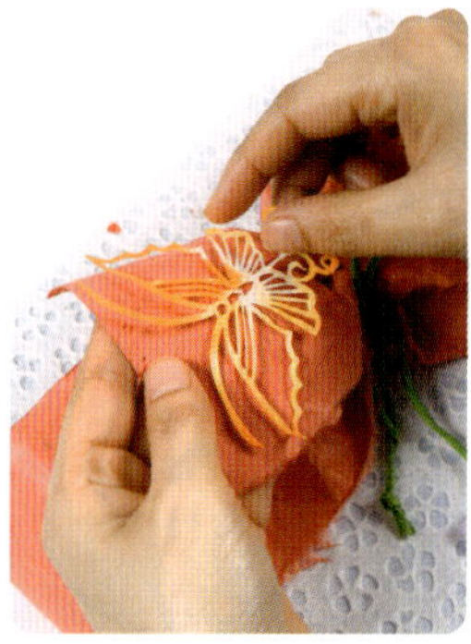

31 나비 문양을 리본 양쪽 부분에 붙여 완성한다.

상품권 선물 포장

현금이나 상품권은 어른들께서 가장 많이 선호하는 선물 중의 하나이다.
부모님 살아계실 때 효도하는 것은 자식된 도리이며 뜻깊은 일이다.
부모님께 의무적인 것이 아닌 마음에서 우러나는 선물을 전해 보자.

재료 한지, 상품권, 풀, 칼

01 색이 다른 한지를 한 장씩 준비한다.

02 한지를 상품권 길이 ×2를 한 변으로 한 정사각형으로 재단한다. 속지는 1cm 더 크게 자른다.

03 속지를 바닥에, 겉지를 그 위에 놓고 속지를 사진과 같이 접는다.

04 돌려가면서 각 면을 접는다.

05 완성된 한지의 모습이다.

06 서로 다른 색상의 한지를 준비하여 7cm의 정사각형이 되도록 겹쳐 풀칠한다.

07 폭 7cm, 길이 30cm의 띠를 준비하여 서로 마주보게 접는다.

08 끝부분이 삼각형 모양이 되도록 접는다.

09 다시 한 번 더 접어 끝부분이 뾰족하게 되도록 접는다.

10 09의 띠를 05의 모서리 끝에 붙인다.

11 06에서 만든 정사각형 이중 한지에 가운데를 제외하고 양면테이프를 붙인다.

12 띠를 붙였던 모서리 반대 방향에 이중 한지를 붙여준다.

13 위의 사진은 큰 정사각형, 작은 정사각형, 띠가 각각 완성된 상태이다.

14 작은 정사각형을 붙이고 띠를 끼운 상태이다.

15 상품권을 띠가 달린 모서리 부분에 오도록 한다.

16 상품권 중앙에 위치하도록 모서리 부분을 접어준다.

17 상품권을 한 번 더 굴려 접는다.

18 상품권 오른쪽을 접어준다.

19 상품권 왼쪽을 접어준다.

20 한 번 더 상품권을 굴려 접은 후 띠를 올려준다.

21 띠를 뒤쪽으로 감아준다.

22 띠를 마름모 밑으로 통과시킨다.

23 띠를 마름모 속에서 빼준다.

24 빼준 띠를 뒤로 돌려 중간에서 사선으로 접는다.

25 안쪽으로 접어 넣어 통과시킨다.

26 다시 접어 넣어 마무리한다.

한지의 색상을 다양하게 사용하면
색다르게 연출할 수 있다.

헤어핀 선물 포장

여성들에게 인기 있는 선물인 헤어핀을 상자에 담아 포장해 보자.
두 가지 색상을 섞은 한지의 느낌을 살려 연출해 본다.
속지는 무늬가 없는 겨자색을 선택하여 겉지의 화려함을 더욱더
돋보이도록 하였다.

How to make

재료 한지, 핀, 핑킹가위, 칼, 양면테이프, 매듭실

01 상자 전체둘레×2의 서로 다른 색상의 한지를 준비한다.(겉지는 속지보다 5cm 작게)

02 준비된 한지 위에 상자를 놓는다.(마름모 꼴로 한지를 펴준다.)

03 한지의 한쪽 모서리 면을 들어올린다.

04 상자를 덮어준다. 끝 모서리를 상자 밑으로 고정시켜 준다.

05 반대쪽도 들어올려 상자 위로 가져온다.

06 상자 위를 덮어준다.

07 양쪽 모서리에 남은 한지를 잘 모아준다.

08 양쪽의 한지를 잡고 상자 가운데 위로 가져온다.

09 주름을 잡아 가운데로 모아준다.

10 모아준 부분을 매듭실로 묶어준다.

11 다시 옷고름 모양으로 묶어준다.

12 묶어준 후 잘 만져 마무리한다.

• 두 가지 색상으로 포장을 할 경우 서로 반대되는 색상인 보색의 대비를 이용하면 산뜻한 포장을 연출할 수 있다.

한지의 테두리 부분의 질감을 살려 자연스럽게 입체감을 표현하고 있다.

손수건 선물 포장

생일 선물로 무엇을 해야 할지 생각나지 않을 때 상대방에게
부담 없이 할 수 있는 것이 바로 손수건이다.
그래서 백화점 선물 코너에 양말 다음으로 많이 판매되는 것이
손수건이라고 한다.
손수건을 한지의 질감을 그대로 살려 러블리하게 포장해 보자.

How to make

재료 한지, 상자, 손수건, 풀, 칼

01 한지 위에 상자를 놓는다.

02 한지를 상자둘레＋시접(3cm), 상자길이＋상자 양쪽 높이＋시접(2cm)으로 재단한다.

03 재단한 한지의 둘레 시접을 1cm 접는다.

04 한지로 상자를 감싸준다.

05 시접분에 풀칠하여 접는다.

06 끝부분이 잘 맞도록 붙여준다.

07 상자 양쪽 높이를 안쪽으로 접는다.

08 위, 아래를 차례대로 풀칠하여 붙여준다.

09 한지를 일정한 간격(폭 3cm, 상자길이＋10cm)으로 찢어준다.

10 찢은 한지에 풀칠을 해준다.

11 상자 윗면에 한 줄 한 줄 붙여준다.

12 세 줄 정도 붙여주면 적당하다.

13 한지를 잘라 사탕 모양으로 꼬아준다.

14 사탕 모양을 3개 정도 만들어 준다.

15 14를 상자 윗면에 장식해 준다.

알아두세요!

• 우리나라 한지의 질감을 살려 한지를 결대로 찢어 주름처럼 붙여주면 볼륨감이 있으며 종이의 자연적인 느낌을 표현할 수 있다.

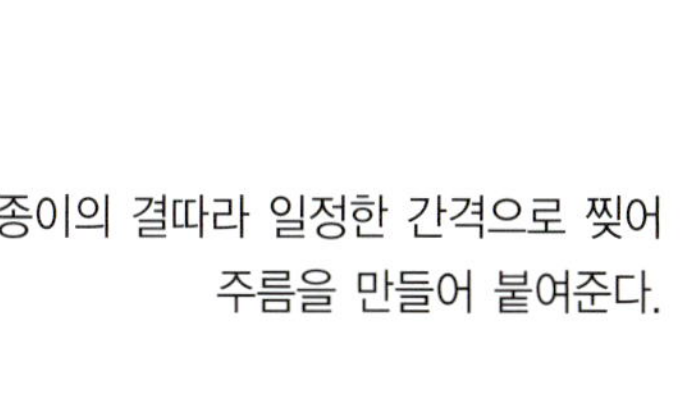

종이의 결따라 일정한 간격으로 찢어 주름을 만들어 붙여준다.

만년필 선물 포장

만년필은 존경의 의미를 담고 있는 선물이다.
요즘엔 많이 줄었지만 만년필은 존경이나 존중의 표현으로 쓰였다.
만년필을 한지로 포장하게 되면 우리 전통의 멋과 고급스러움이
함께 어우러져 고품격의 선물이 될 것이다.

How to make

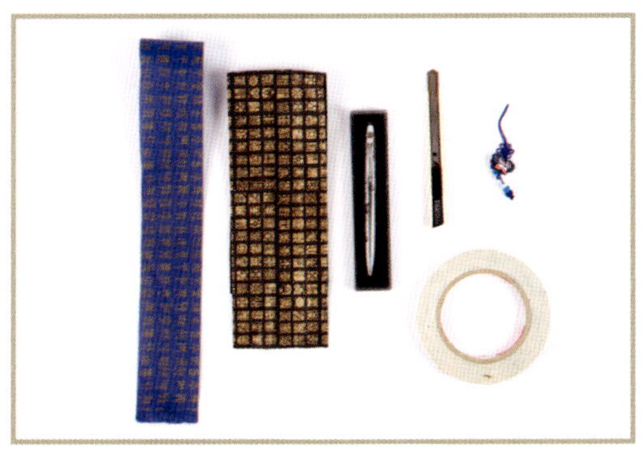

재료 한지, 만년필, 노리개, 칼, 양면테이프

01 한지를 상자둘레, 상자길이×3으로 재단한다.

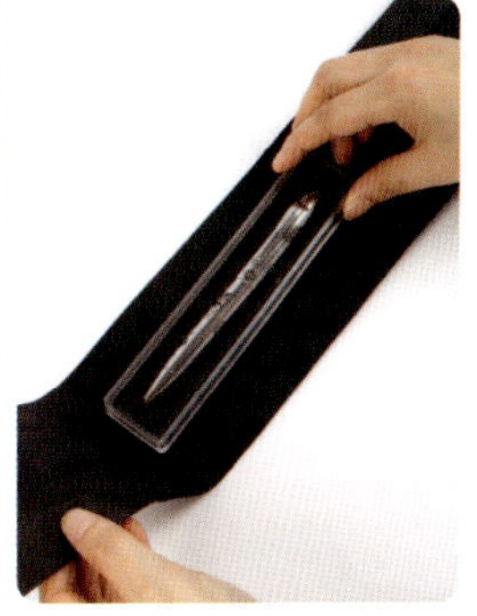

02 상자둘레와 길이를 표시한다.

03 상자 가로면만큼 접어준다.

04 양쪽을 겹쳐준다.

05 접어준다.

06 양면테이프를 붙여준다.

07 양면테이프를 조금씩 떼어내면서 붙여준다.

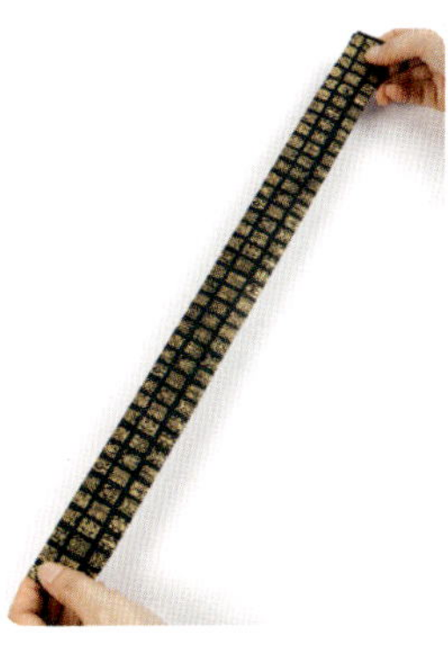

08 한지 띠가 완성된 모습이다.

09 양면테이프를 끝부분에 붙인다.

10 양면테이프 붙인 부분을 만년필 뒤쪽 중간에 갖다 댄다.

11 만년필 통을 길이로 한 바퀴 돌려 붙인다.

12 양쪽 옆은 트였기 때문에 속이 보인다.

13 색상이 다른 한지를 폭 6cm, 상자둘레 만큼+7cm를 준비한다.

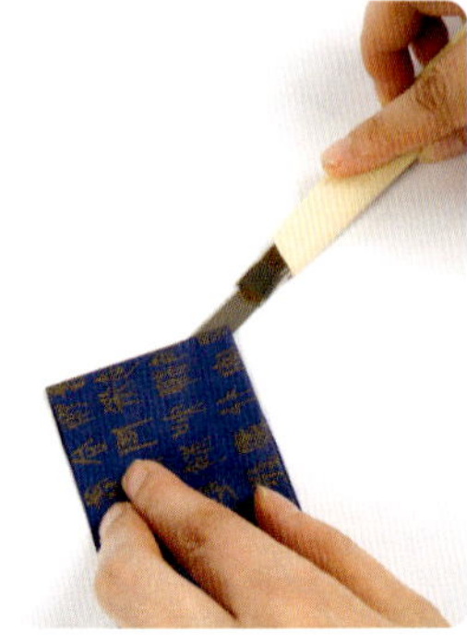

14 13의 크기만큼 재단한다.

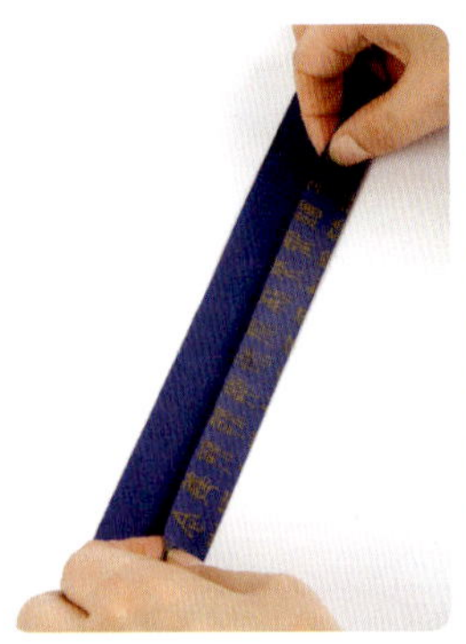

15 한지를 3등분하여 접어준다.

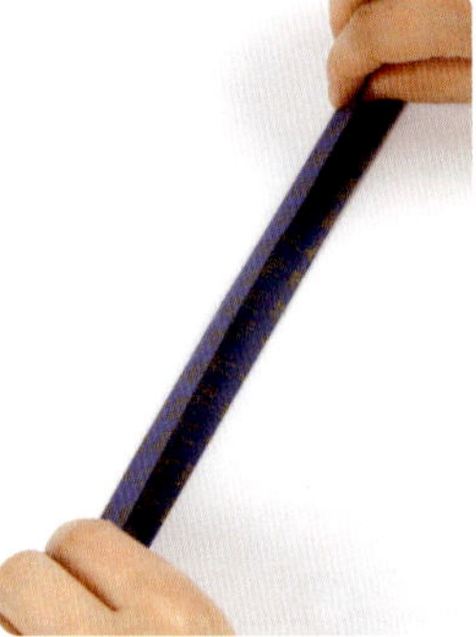

16 한 번 접어준다.

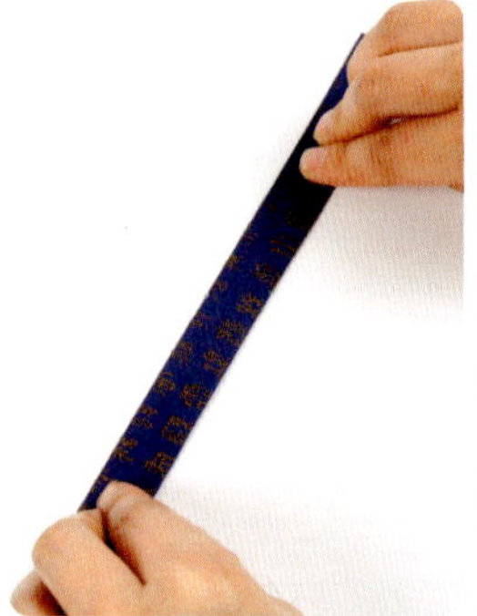

17 두 번 접어준다.

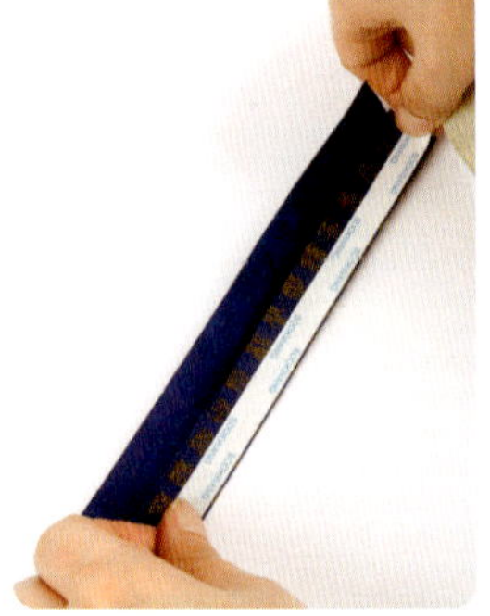

18 끝부분에 양면테이프를 붙인다.

19 양면테이프를 떼어내면서 붙여준다.

20 12에 다른 색상의 띠를 중간에 둘러준다.

21 한 바퀴 두른 후 윗면으로 가져온다.

22 사선으로 접는다.

23 접은 띠 위쪽으로 들어올린다.

24 중앙의 띠 안으로 밀어 넣는다.

25 아래로 띠를 빼낸다.

26 위로 접어준다.

27 안쪽으로 접어 넣어 고정시킨다.

28 노리개로 장식한다.

29 완성된 모습이다.

알아두세요!

• 노리개가 없을 경우에는 같은 한지를 사용하여 리본을 만들어 붙여주기도 한다.

Part 02

명절 때 전하는
선물 포장하기

우리 고유의 명절이면 누구나 은혜를 받은 분들께 정성의
선물을 서로 주고 받는 게 전통의 관례이다.
값비싼 물건보다는 조금만 더 정성을 들여 전하는 분의
마음이 가득 담긴 선물을 전달해 보자.

와인 선물 포장 (패션 모자)

와인의 마개 부분을 패션 모자와 같은 모양으로 포장해 보자.
한지 끝부분의 질감은 그대로 살려 연출한다.

How to make

01 한지를 병길이 목부분까지와 병둘레+5cm(주름분)로 재단한다.

02 한지를 병에 양면테이프로 고정시킨다.

03 한지를 병에 둘러준 후 양면테이프로 고정시킨다.

04 다른 색 한지를 3~5cm(폭)와 병둘레+10cm(길이)로 잘라 병 중간에 둘러준다.

05 띠에 양면테이프를 붙여 고정시킨다.

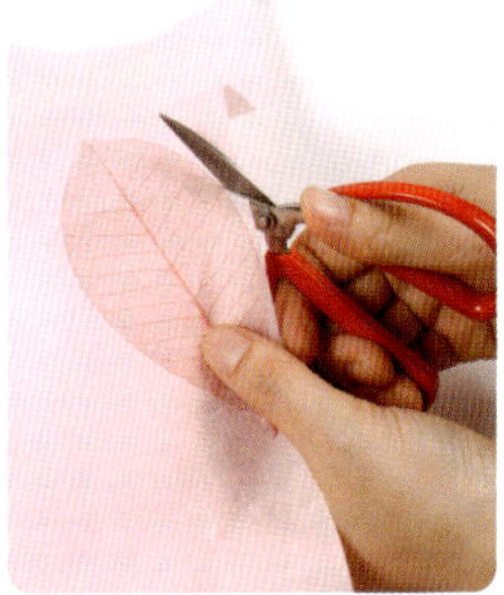

06 스켈톤잎을 한지에 대고 오려준다.

07 스켈톤잎을 한지에 붙여준다.

08 스켈톤잎을 병 중간에 붙인 후 한 장 더 오려 반대쪽에 붙여준다.

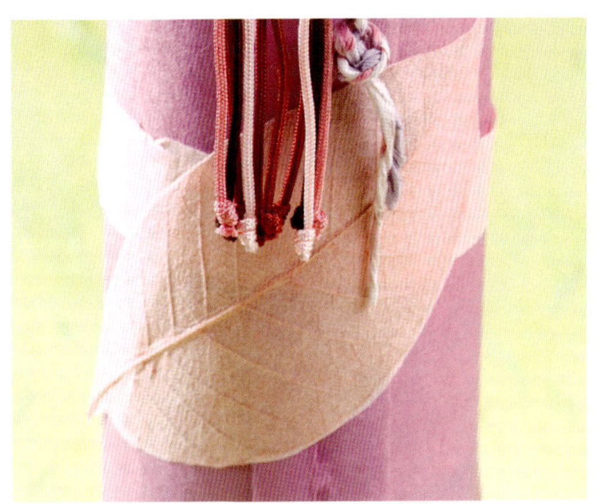

매듭끈 : 서로 다른 색상의 한지 세 가지 준비하기

09 한지를 코르크 마개 에서부터 병목까지 의 길이만큼 둥글게 원을 그려 오린다.

10 서로 다른 색의 한지 를 폭 1cm, 길이 30 ~40cm로 준비하여 각각 양면테이프를 붙인다.

11 양면테이프를 떼어 가며 비틀어 매듭끈 을 각각 3개 만든다.

12 3개의 끈을 머리 따 듯이 따준다.

13 준비한 둥근 모양 한 지를 병 코르크 마개 위에서부터 씌워준다.

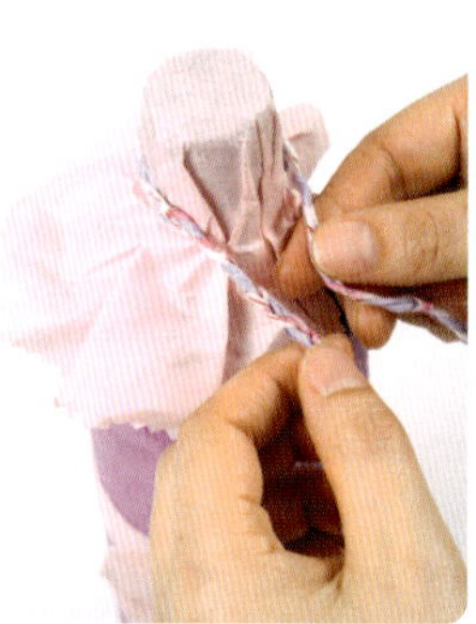

14 12에서 만들어놓은 매듭끈으로 병목을 묶어준다.

15 노리개 장식을 매듭 끈에 끼운다.

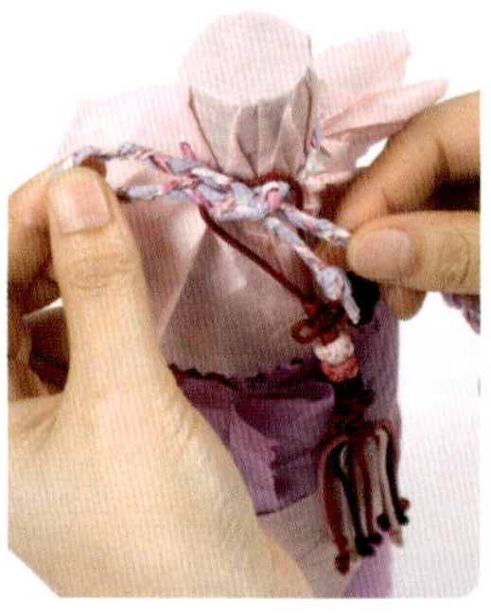

16 옷고름 모양으로 묶 어 마무리한다.

와인 선물 포장 (보자기식)

한지를 재단하지 않고 둘둘 말아 하나로 묶는 보자기식으로
아주 간편하면서도 예쁘게 장식할 수 있어 편리하다.

How to make

재료 한지, 와인병, 핑킹가위, 가위, 노리개, 양면테이프

01 한지 위에 와인병을 올려놓는다.

02 한지를 병 길이 × 2.5cm, 병둘레×3~5cm로 재단하여 병을 말아준다.

03 병을 끝부분까지 말아준다.

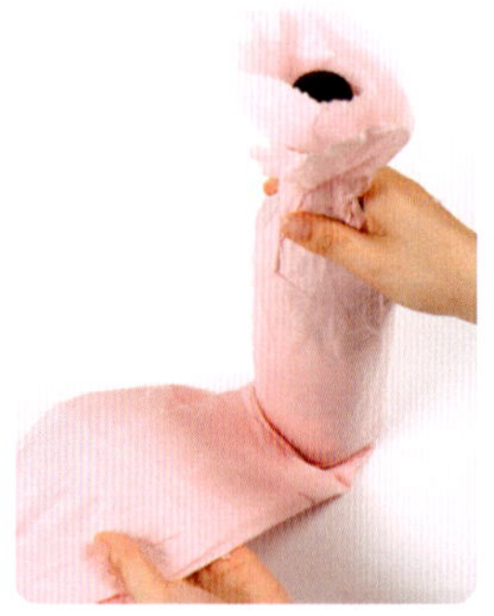

04 와인 아래 남은 부분을 접어 올려준다.

05 폭 1cm, 길이 30cm 띠에 양면테이프를 붙여 돌돌 말아 끈을 만들어 준다.

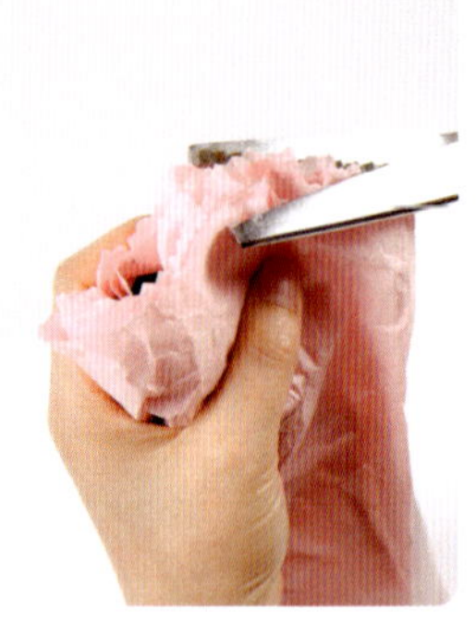

06 윗부분을 올려 핑킹가위로 잘라준다.

07 병 목부분을 주름잡아 준다.

08 준비한 매듭끈으로 묶어준다.

09 묶어준 매듭끈에 노리개를 끼운다.

10 옷고름 모양으로 묶어준다.

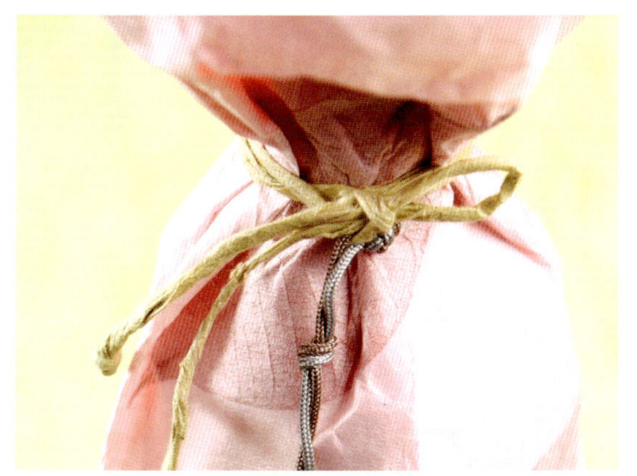

병을 포장할 때 전체
를 감싸는 포장법과
위 마개 부분이 보여
지도록 포장하는 방
법이 있다.

감잎차 선물 포장

감잎차 선물 포장

How to make

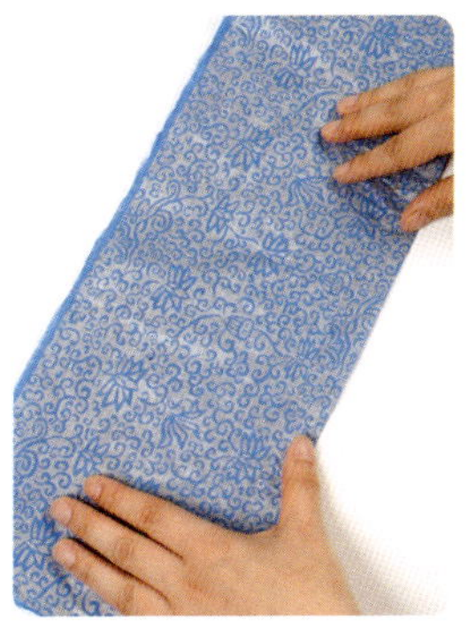

재료 한지, 감잎차, 양면테이프, 칼, 족두리 장식

01 한지를 감잎차 뚜껑 아래부터 통 끝부분 까지와 통둘레×2의 크기 로 재단한다.

02 재단된 한지를 잘 펴 준다.

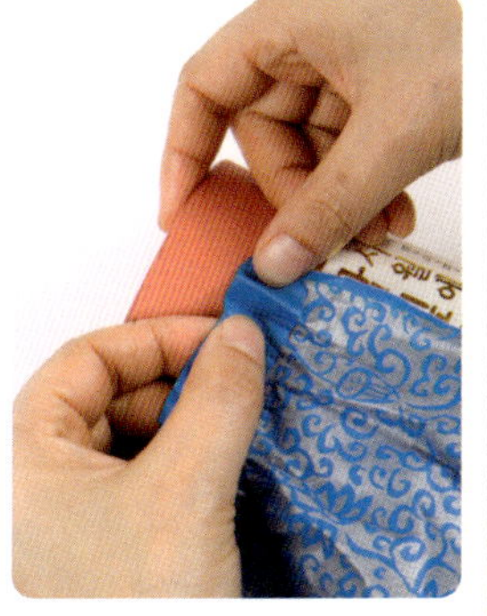

03 한지를 1cm 정도 접 어준다.

04 감잎차 뚜껑 아래에 양면테이프를 붙여 한지를 고정시킨다.

05 주름을 일정하게 잡 아준다.

06 주름이 흐트러지지 않도록 잘 잡아가면 서 잡는다.

07 끝마무리를 처음했 던 부분 위로 오도록 고정한다.

서로 다른 색상의 한지 두 가지 준비하기

08 한지의 폭은 감잎차 뚜껑보다 1cm 넓게 정하고, 길이는 감잎차 둘레＋5cm로 재단한다.

09 감잎차 둘레를 재고 있는 것이다.

10 파란색 한지를 1cm 정도 폭으로 잘라 윗부분에 붙여준다.

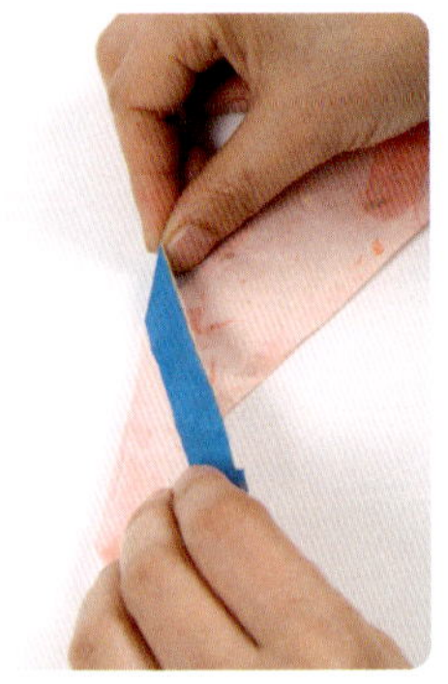

11 둘레 부분만큼 접어준다.

12 한지를 접어준다.

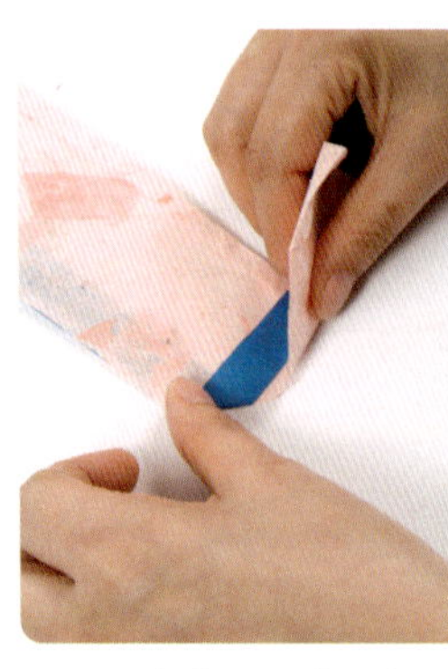

13 반대쪽도 접는다.

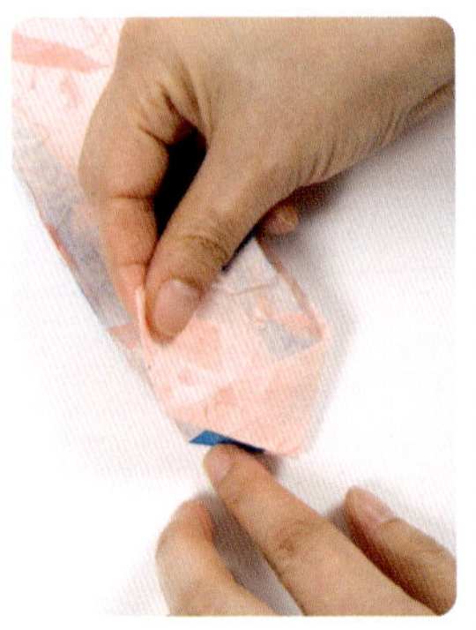

14 끝을 사선으로 접어준다.

15 끝이 뾰족해지도록 접어준다.

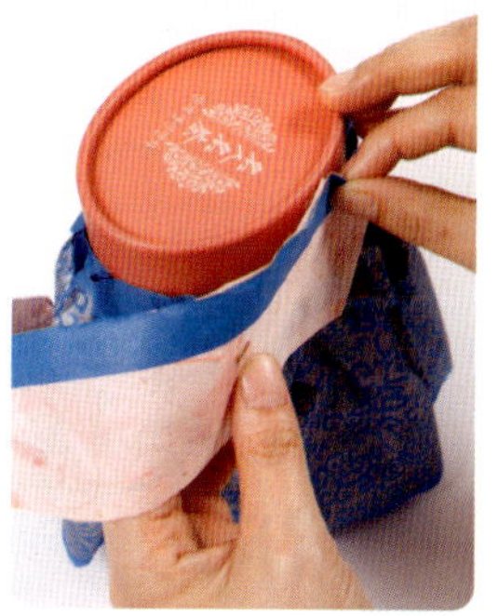

16 15의 중간을 등쪽에 양면테이프로 고정시킨다.

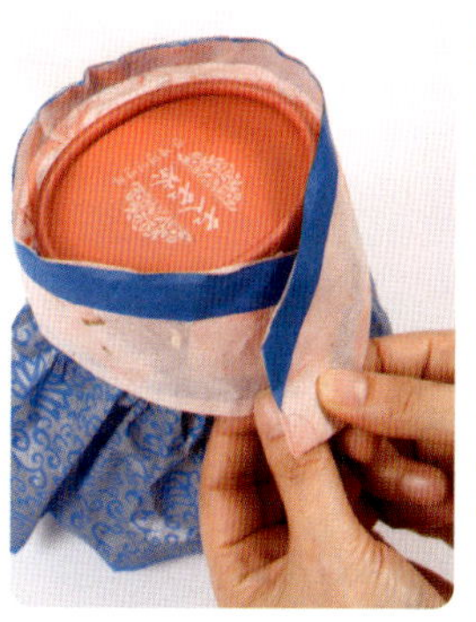

17 한지를 앞으로 모아준다.

18 매듭끈을 10cm 정도 만들어준다.

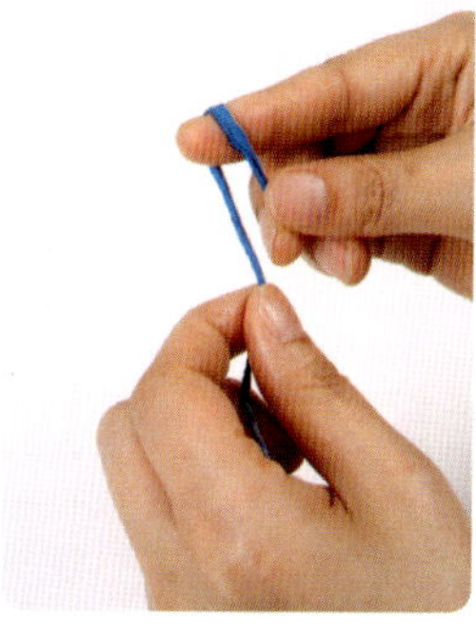

19 손가락을 이용하여 매듭끈을 걸어준다.

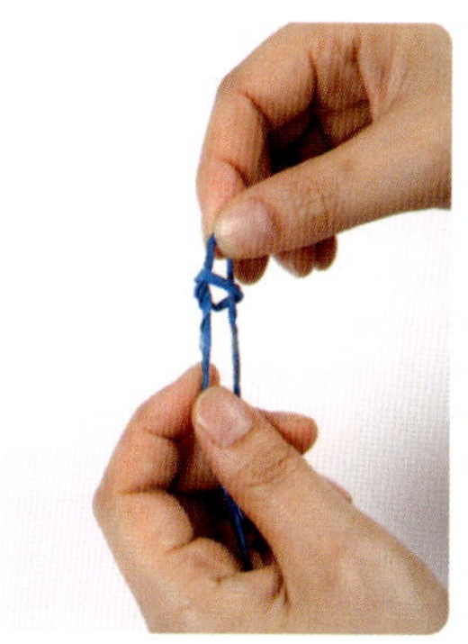

20 매듭끈으로 고리를 만들어 빼준다.

21 매듭끈을 옷섶에 달아준다.

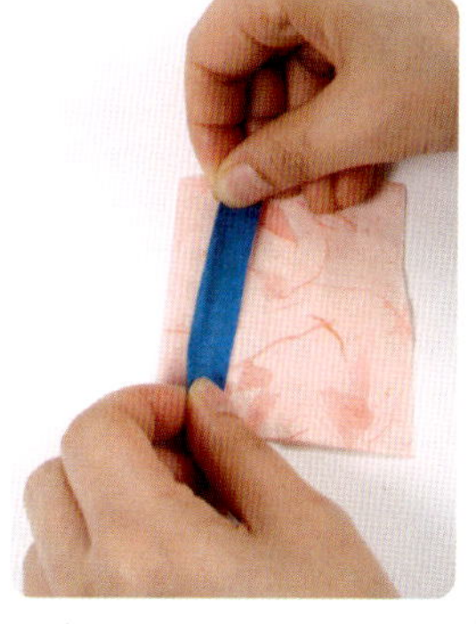

22 한지 하나는 폭 1cm, 길이 7cm로, 다른 하나는 폭 4cm, 길이 7cm로 재단한다.

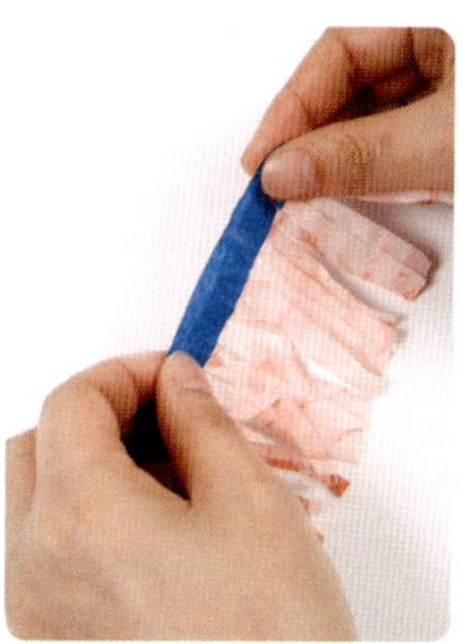

23 22의 한지 띠를 상단에 붙인 후 한지를 일정한 크기로 잘라준다.

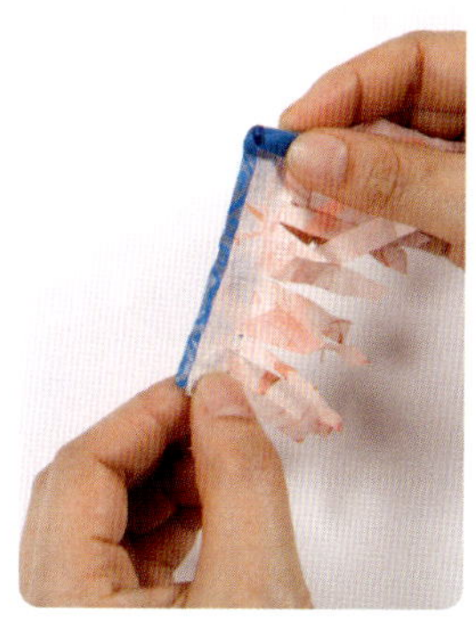

24 23의 한지를 돌돌 말아준다.

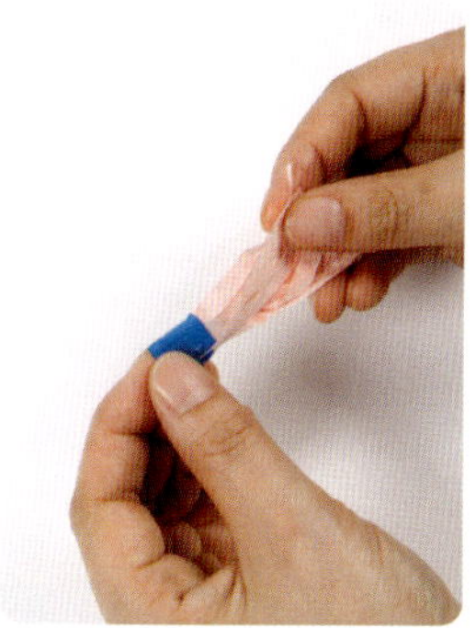

25 둥글게 말아준 뒤 풀로 붙여준다.

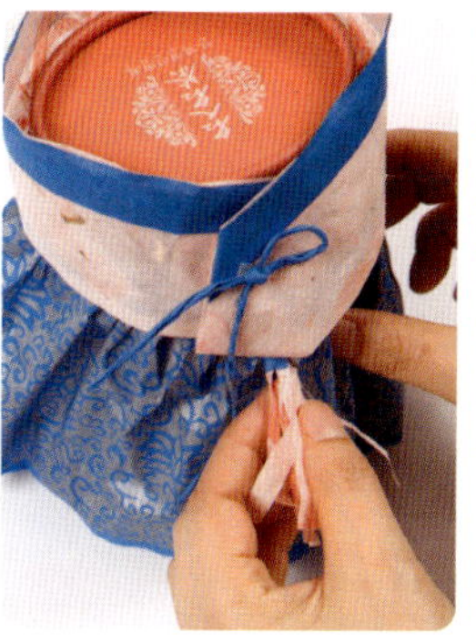

26 저고리 아래 노리개처럼 붙여준다.

27 뚜껑 부분은 족두리 장식으로 고정시켜 완성한다.

감잎차 윗부분엔
족두리 장식을
얹어준다.

떡 선물 포장

요즘엔 떡도 예전과 달리 갖가지 색상과 모양으로 아름답게
장식해서 판매되고 있다. 이젠 떡 포장도 기존의 생각에서
탈피하여 젊은 감각으로 세련되게 연출해 보자.

How to make

재료 한지, 떡, 노리개, 매듭실, 칼, 풀

01 한지에 상자둘레＋2cm, 상자길이＋양쪽 높이＋1cm를 표시한다.

02 칼로 크기대로 재단한다.

03 사진과 같이 한지가 상자 가운데 오도록 한다.

04 끝부분에 시접 1cm를 접어 풀칠하여 붙여준다.

05 접은 시접이 가운데 올 수 있도록 선을 맞춘다.

06 상자 양쪽 높이 부분을 안쪽으로 접는다.

07 윗부분을 아래로 접는다.

08 아랫부분을 위로 올린다. 반대편도 같은 방법으로 한다.

한글 한지와 매듭실, 노란색 한지 준비하기

09 한지를 폭 3cm, 상자 긴 쪽 둘레로 재단하여 상자를 둘러준다.

10 매듭실로 두 번 감아 묶어준다.

11 매듭실을 옷고름 묶기로 한다.

12 다른 색 한지를 상자 둘레 1.5배 정도의 정사각형으로 준비한다.

13 정사각형의 한지를 반으로 접는다.

14 양쪽 모서리 부분이 마주 보도록 접는다.

15 양쪽을 한 번 더 접어준다.

16 한지 위에 상자를 올려놓는다.

떡 포장할 자투리 한지 준비하기

17 상자를 감싼 후 양쪽 끝을 잡아 주름을 잡는다.

18 한 손에 한지를 잡고 매듭실로 사진과 같이 묶는다.

19 매듭실에 노리개를 달아준다.

20 옷고름 묶기로 한 번 더 묶는다.

21 자투리 한지를 떡 길이에 맞춰 자른 후 떡을 둘둘 말아준다.

22 한지를 감싼 떡에 매듭실을 두른 후 묶어준다.

23 한 개씩 낱개 포장한 후 상자 안에 넣는다.

알아두세요!

• 매듭실로 한지를 묶을 때는 한 겹으로 하는 것보다 여러 겹을 겹쳐 묶어주기도 한다.

과일 바구니 선물 포장

과일을 예쁘게 포장하고 싶어도 엄두가 나지 않아 백화점에
포장되어 있는 것을 사서 선물할 때가 있다.
집에 버리기 아까운 꽃바구니가 있다면 좋아하는 과일을 선택
하여 멋스러운 한지로 직접 포장해 보자.

재료 바구니, 한지, 과일, 칼, 매듭실

01 한지를 바구니 길이와 바구니 폭(높이 포함) 3배 정도를 준비한다.

02 한지 가운데 바구니를 올려놓는다.

03 한지를 양쪽 모두 들어올린다.

04 한지의 한쪽을 바구니 안쪽으로 넣는다.

05 다른 한쪽의 한지도 안으로 넣어 바구니를 감싼다.

06 다른 색 한지를 구겨 바구니 안을 채운다.

07 한지의 길이는 바구니 손잡이부터 바닥까지, 폭은 20~25cm로 준비한다.(양쪽 2장)

08 한지에 주름을 잡아 손잡이의 양쪽 끝부분에 갖다 댄다.

09 폭 1cm, 길이 30cm의 빨간색의 한지 2장을 양면테이프로 붙여 띠를 만든 후 **08**을 묶어준다.

10 가로, 세로 20cm의 연두색 한지 2장을 준비한다.

11 연두색 한지를 반으로 접는다.

12 다시 반으로 접는다.

13 또 한 번 접는다.

14 위쪽을 핑킹가위로 자른다.

15 한지를 펴준다.

16 펴준 후 한지 중간을 바구니 양쪽에 갖다 댄다.

17 09에서 묶었던 빨간색 한지를 옷고름 모양으로 묶어준다.

18 바구니 손잡이 부분을 빨간색 한지로 감싸준다.

19 문양을 프린트해서 바구니 앞쪽에 붙여준다.

20 포장한 과일을 바구니에 보기 좋게 담아 마무리한다.

알아두세요!

- 집에 바구니가 마땅치 않을 때 상자에 한지를 씌워 이용하기도 한다.
- 한지를 고를 때 바구니가 직각일 경우 가로나 세로의 줄무늬가 있는 것을 선택하면 포장했을 때 깔끔하게 보인다.

과일 준비하기
재료 : 사과, 오렌지, 복숭아, 참외, 파인애플, 멜론 등

▶▶ **사 과**

01 한지를 사과 둘레+ 2cm, 사과 꼭지에서 밑동까지 재단한다.

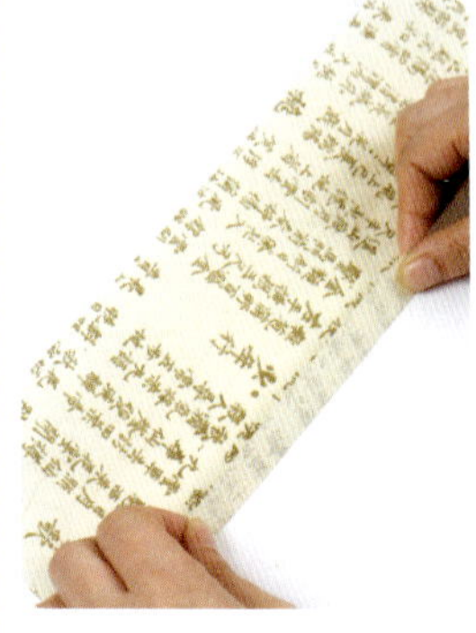

02 한지 아랫부분 1cm 를 접는다.

03 한지에 양면테이프를 붙인다.

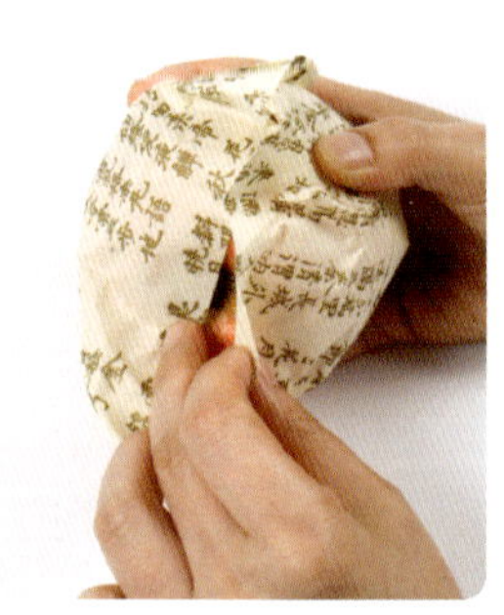

04 사과에 한지를 둘러준다.

▶▶ **오렌지**

05 양면테이프를 떼면서 붙여준다.

06 밑동 부분을 접어 붙여준다.

07 사과의 완성된 모습이다.

01 오렌지 둘레+2cm, 길이 7cm로 재단해서 반으로 접어 둘러준다.

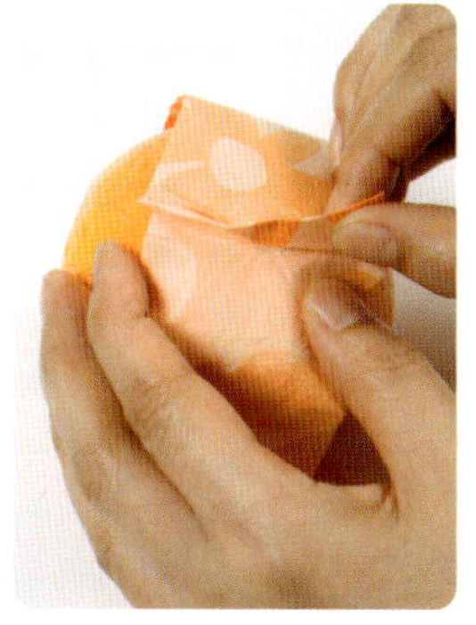

02 양면테이프를 붙여 고정시킨다.

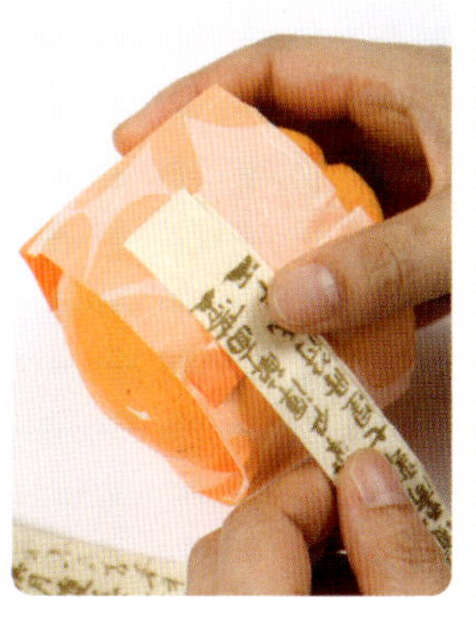

03 한지 띠는 오렌지 둘레+5cm, 폭 6cm로 재단하여 반으로 접어 돌려준다.

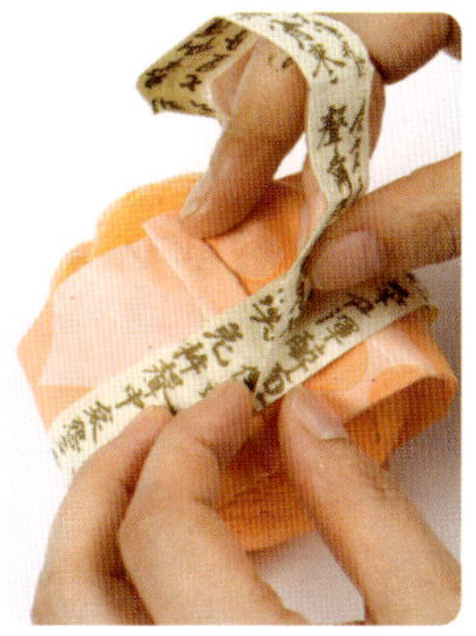

04 사선으로 접어 위로 올린다.

▶▶ **복숭아**

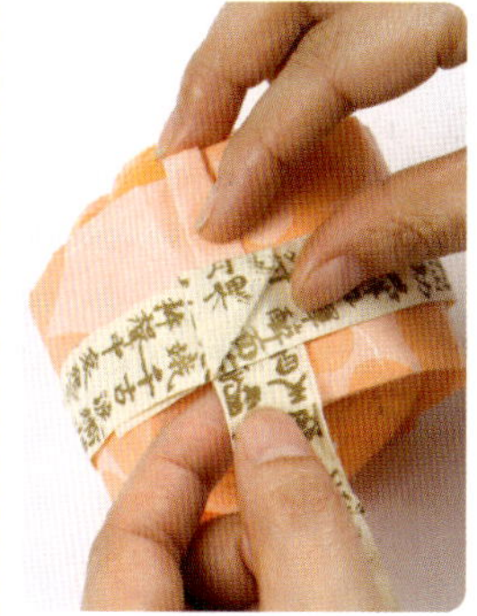

05 안으로 접어 아래로 빼낸다.

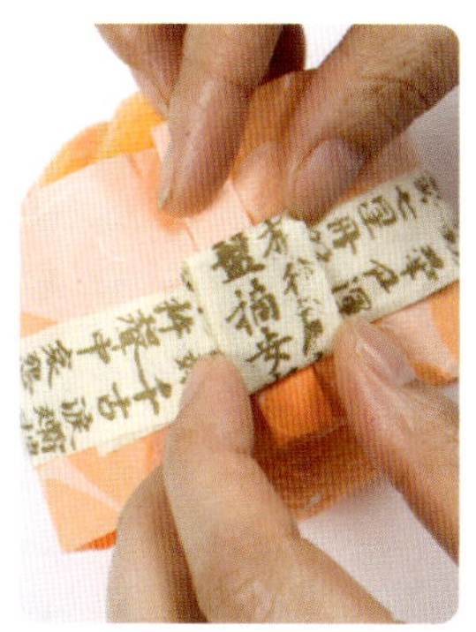

06 다시 접어 안으로 밀어 접어 마무리한다.

07 오렌지의 완성된 모습이다.

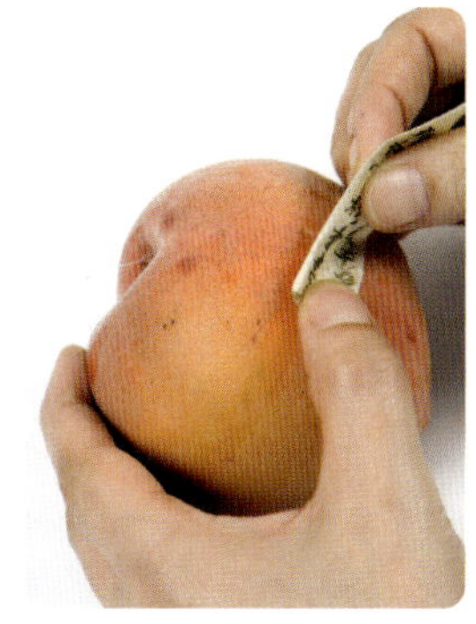

01 복숭아 둘레+2cm, 폭 3cm로 한지를 재단하여 둘러준다.

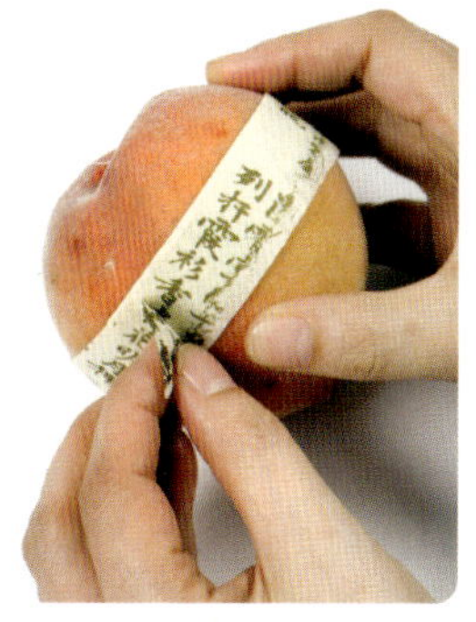

02 양면테이프로 고정시킨다.

▶▶ **파인애플**

03 다른 한지를 폭 2cm, 길이 16cm 정도로 자른 후 *02* 위에 둘러준다.

04 시작부분과 끝부분을 3cm 정도 포개어 붙여준다.

05 복숭아의 완성된 모습이다.

01 한지를 마름모꼴로 놓고 파인애플을 놓는다.

02 모서리 부분을 들어 올린다.

03 맞은 편 모서리 부분을 함께 잡는다.

04 한지를 모두 들어 파인애플 목에서 주름을 잡는다.

05 매듭끈으로 한지를 묶어준다.

06 한 번 더 돌린 후 매듭을 지어준다.

07 한글 한지를 준비해서 파인애플 둘레+7cm 정도 길게 재단한다.

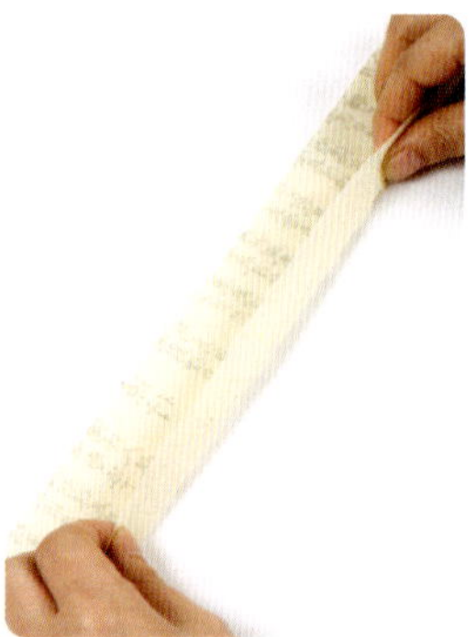

08 한글 한지를 세 번 접어준다.

09 양면테이프로 고정시킨다.

▶▶ **참 외**

10 둘러준 후 사선으로 접어 위로 올려준다.

11 안으로 밀어 **빼낸** 뒤 다시 접는다.

12 파인애플의 완성된 모습이다.

01 참외는 사과와 같이 한지로 싼 후 매듭끈으로 묶어 완성한다.

01 멜론 둘레 크기의 한
지를 두 번 정도 접
어 위의 중심을 가위로 오
려낸다.

02 한지 뚫린 부분에 멜
론 윗부분을 통과시
켜준다.

03 사진과 같이 주름을
잡아준다.

04 매듭끈으로 한지를
묶어준다.

05 다른 한지로 띠를 준
비한 뒤 멜론을 둘러
준다.

06 양면테이프로 고정
시켜준다.

07 준비된 매듭끈으로
멜론을 둘러준다.

08 매듭끈이 풀리지 않
도록 묶어준다.

09 멜론의 완성된 모습
이다.

은수저 선물 포장

은수저 세트는 보통 혼수용품으로 오가며 각별한 사이에
주고받는 선물이다.
부모님 생신이나 특별한 때 드리는 수저 세트 선물을
고급스럽게 포장해 보자.

재료 한지, 수저 세트, 칼, 풀, 장식

01 한지를 상자 긴 쪽 둘레, 상자 짧은 쪽 둘레+상자 윗면으로 재단한다.

02 재단한 한지 위에 상자를 올려놓는다.

03 위아래 맞추어 만나는 부분이 가운데 오도록 한다.

04 긴 쪽 아래부터 한지를 상자 윗면에 가져온다.

05 면과 모서리를 눌러 선을 잡아준다.

06 옆의 접힌 부분을 안쪽으로 집어넣어 삼각형이 되도록 한다.

07 상자 가운데 일직선이 되도록 접어준다.

08 양쪽 다 접어준다.

09 반대편도 상자에 맞게 안쪽을 향해 접어준다.

10 옆을 안쪽으로 집어넣어 삼각형이 되도록 한다.

11 삼각형 부분을 안쪽
으로 접어준다.

12 양쪽 다 접어준다.

13 남아 있는 날개 시접
을 접어 상자 윗면에
포개어준다.

14 색상이 다른 한지(폭
10cm, 상자 긴 쪽 길
이＋7cm)를 준비한다.

15 준비한 한지를 바닥
에 펴준다.

16 한지를 대문 접기로
접어준다.

17 다시 반으로 접는다.

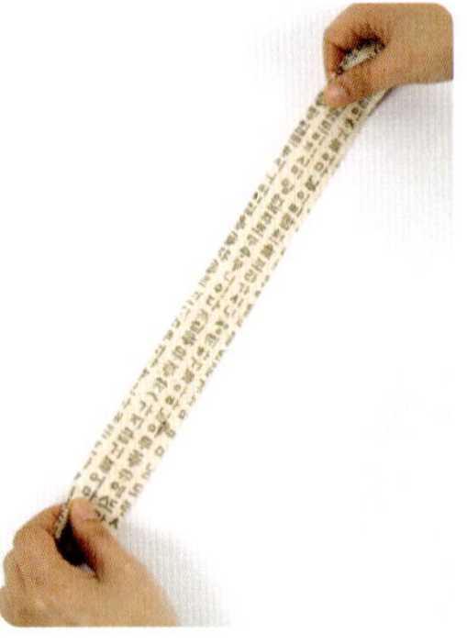

18 상자를 포장했던 한
지를 준비한다.(폭
5cm, 상자 길이만큼)

19 미리 포장된 상자에
위의 양쪽 날개를 열
고 **17**을 둘러준다.

20 한 바퀴 돌린 후 뒤
쪽에서 고정시킨다.

21 사선으로 접고 안쪽
으로 밀어넣는다.

22 다시 접어 고정시켜
준다.

23 띠를 두른 후 양쪽 날개를 다시 포개어 놓는다.

24 양쪽 날개를 포갠 후 고정시킨다.

25 준비해 놓은 한글 한 지 띠를 그 위에 둘 러준다.

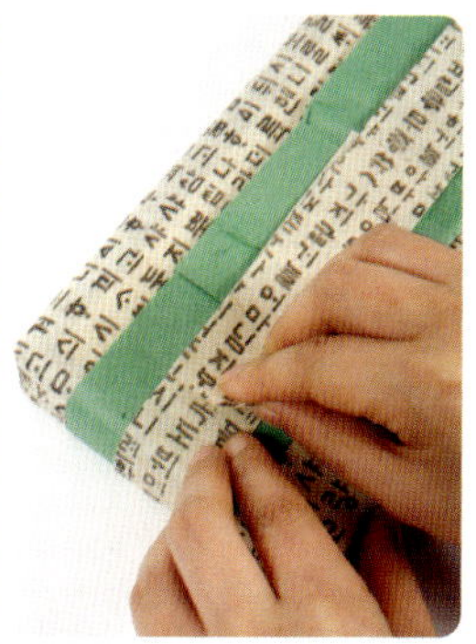

26 뒤쪽에서 고정시켜 준다.

27 사진과 같이 장식을 달아 마무리한다.

28 완성된 모습이다.

글씨가 새겨진 한지를 사용하여 포장할 때는 다른 단색의 한지를 같이 사용하며, 한문 한지보다는 한글 한지가 더 돋보인다.

문양 쟁반

한지 공예품은 우리나라 전통 공예품으로 그 종류만도 무궁무진하다.
대부분 한번 만들어보고 싶은 마음은 있지만 엄두를 내지 못한다.
요즘엔 한지 공예품을 쉽게 만들 수 있도록 조립품으로 판매가 되고 있다.
내 손으로 직접 문양 쟁반을 한번 만들어 보자.

How to make

재료 한지, 단보루, 문양, 자, 칼, 가위, 풀, 순간접착제

01 단보루에 단면도를 그려준다.

02 단면도(길이 23cm, 너비 10cm, 높이 3cm)를 칼로 오려준다.

03 자른 단면도에 칼집을 내어 잘 접힐 수 있도록 한다.

04 네 곳 모서리에 순간접착제를 붙여준다.

05 모서리가 맞도록 붙여준다.

06 네 곳 모서리를 붙여 접시를 만든다.

07 폭 5cm의 한지 띠를 준비해서 풀칠한다.

08 쟁반의 긴 쪽 부분의 바깥쪽을 붙인다.

09 쟁반 테두리를 돌려가면서 붙인다.

10 전체를 붙여준다.

11 폭 5cm의 한지 띠를 준비한다.

12 띠에 풀칠을 한다.

13 안쪽의 긴 쪽에 붙여준다.

14 안쪽의 짧은 쪽에 붙여준다.

15 바깥쪽 높이 부분을 돌려가며 붙여준다.

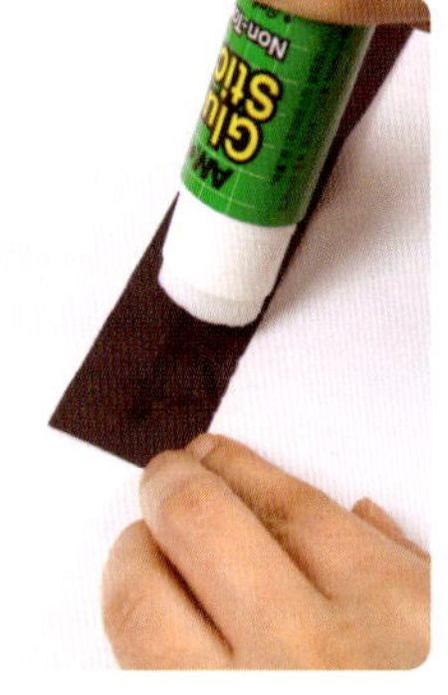

16 폭 5cm의 한지 띠를 준비해서 풀칠해준다.

17 옆 테두리를 붙인다.

18 긴 쪽에 붙여준다.

19 짧은 쪽에 붙여준다.

20 쟁반 바닥 전체에 풀칠을 한다.

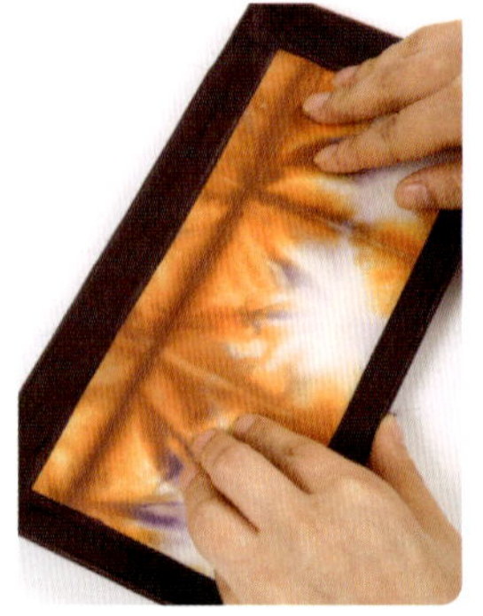

21 다른 색 한지를 바닥에 붙여준다.

22 한지 위에 또 풀칠을 한다.

23 문양을 **22** 위에 붙여준다.

24 밀리지 않도록 잘 펴서 붙여준다.

25 완성된 쟁반 바닥의 모습이다.

26 바깥쪽 밑바닥에 붙일 한지를 준비한다. (길이 20cm, 너비 10cm)

27 한지에 풀칠을 한다.

28 쟁반 바닥에 잘 펴서 붙여 완성한다.

알아두세요!

- 재료는 인사동에 가면 패키지로 판매하기도 한다.
- 쟁반 높이에 붙일 한지 띠의 크기는 다음과 같다.
  3×23cm 2장, 3×10cm 2장
  5×23cm 2장, 5×10cm 2장
- 폭 5cm의 띠는 쟁반 윗부분을 안쪽으로 살짝 2cm 정도 접히게 붙여준다.
- 물풀로 풀칠하면 더 잘 붙지만 찢어질 염려가 있어 조심해야 한다.

Part 03

친구나 연인에게
전하는 선물 포장하기

가까운 친구의 생일 선물이나 연인에게 줄 특별한 이벤트
데이의 선물을 고를 때 누구나 고민에 빠지게 된다.
의미 있는 선물을 잘 골라서 정성 들여 나만의 개성과 센스로
톡톡 튀는 포장을 해 보자.

연필꽂이 선물 포장

재료 한지, 대나무 통, 양면테이프, 칼, 풀, 노리개, 매듭실

01 한지를 대나무 통 둘레 + 시접(2~3cm)과 대나무 길이만큼 재단한다.

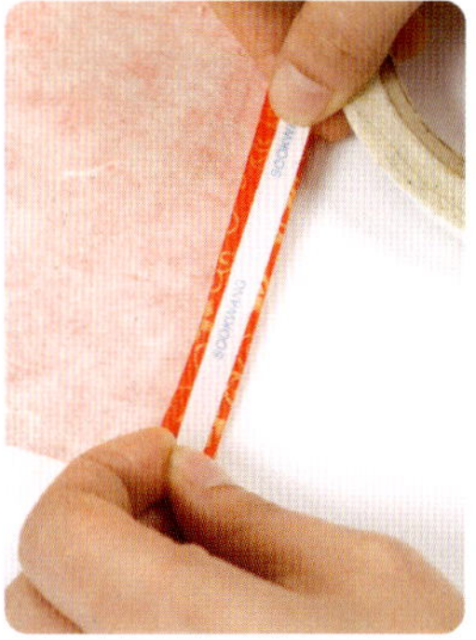

02 둘레 시접 1~2cm를 접은 다음 양면테이프를 붙인다.

03 윗면에 양면테이프를 붙인다.

04 아랫면에 양면테이프를 붙인다.

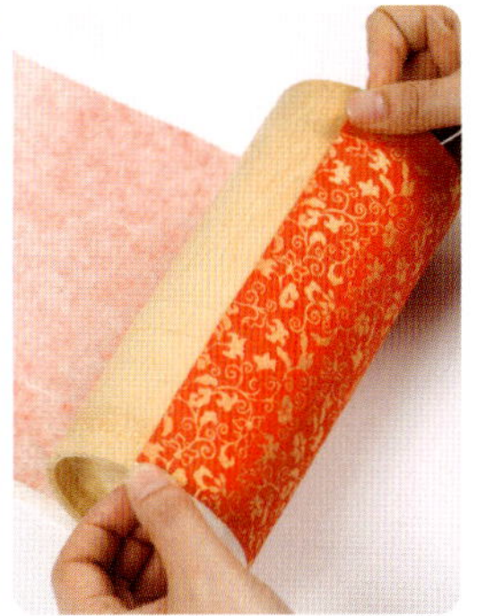

05 대나무 통에 한지를 고정시킨다.

06 양면테이프를 떼어낸 후 붙인다.

다른 색상의 한지로 띠를 만들어 준비하기
띠1(앞띠) : 길이 – 원통둘레＋10cm, 폭 5cm
띠2(둘레) : 길이 – 원통둘레×2, 폭 5cm (2장)

07 대나무 통 앞부분에 풀칠을 하여 한지 띠를 붙인다.

08 한쪽 엄지손가락으로 고정을 하고 다른 엄지손가락으로 주름을 잡는다.

09 주름을 고루 잡아 마무리한다.

10 위, 아래 붙일 띠를 미리 한 번 구겨준다.

11 대나무 통 아래 둘레 부분에 한지를 붙여 주름을 잡는다.

12 윗부분에도 한지 띠로 주름을 잡는다.

13 골고루 일정하게 주름을 잡아준다.

알아두세요!

• 한지를 한 번 구겨 사용하면 질감이 부드러워져 또 다른 느낌을 준다.

매듭실 준비하기

14 대나무 통 둘레의 주름을 마무리해준다.

15 매듭실을 한 바퀴 돌려준다.

16 매듭실에 노리개를 끼워 옷고름 묶기로 마무리한다.

17 완성된 모습이다.

알아두세요!

• 대나무 통을 이용하여 연필꽂이나 액세서리 통으로 사용할 수 있도록 한지를 장구 모양과 같이 재미있게 모양을 내 본다. 한지 대신 일반 리본으로도 주름을 잡아줄 수 있다.

향기 비누 선물 포장

여인의 은은한 자태와 향기를 품어낼 수 있는
아름다움을 한 폭의 동양화로 표현하여 고풍스럽게
향기 비누를 포장해 보자.

재료 한지, 향기 비누, 붓, 먹물, 칼, 양면테이프, 장식

01 한지를 상자둘레+ 여유분, 상자길이+ 높이×2+4cm로 재단한다.

02 속지 한지를 상자길이, 상자둘레 크기로 준비한다.

03 속지 한지를 상자 바닥에 붙여준다.

04 속지로 상자를 감싸준다.

05 상자 바닥에 속지를 고정시켜 준다.

06 겉지 한지의 둘레 시접(1~2cm)을 접어 양면테이프를 붙여준다.

07 속지를 붙인 상자 바닥에 고정시킨다.

08 상자를 감싸듯 한 바퀴 돌려 **07**에 포개어 양면테이프로 붙인다.

09 상자 높이 부분을 안쪽으로 접어준다.

10 아래, 위를 포개어 풀로 붙여준다. 반대쪽도 같은 방법으로 붙인다.

먹물과 붓을 이용해 그림 그리기

11 먹물과 붓을 준비하여 상자에 그림을 그린다.

12 한 폭의 그림이 완성되었다.

13 폭 : 7cm, 길이 : 상자 4면 둘레＋시접의 한지 띠를 준비한다.

14 폭 1cm, 길이 40cm의 매듭끈을 만든다.

15 13의 한지 띠 시접을 접어준다.

16 띠를 상자 4면의 테두리에 둘러준다.

17 14의 매듭끈을 사진과 같이 둘러준다.

18 장식을 매듭끈에 걸어준 후 옷고름 모양으로 묶어준다.

책 선물 포장

How to make

재료 한지, 책, 칼, 풀, 문양

01 한지를 책둘레×2, 책길이×2의 크기로 재단한다.

02 한지를 책길이만큼 남기고 아래를 접어준다.

03 윗부분도 접어준다.

04 위 아래 모두 접은 모습이다.

05 접은 한지 위에 책을 올려놓는다.

06 책 표지를 싸듯이 한지를 감싸준다.

07 면과 모서리를 엄지와 검지로 눌러 각을 잡아준다.

08 남은 부분을 안으로 접어준다. (뒤쪽도 같은 방법으로 접어준다.)

❀❀ 책에 띠 두르기 및 문양 넣기

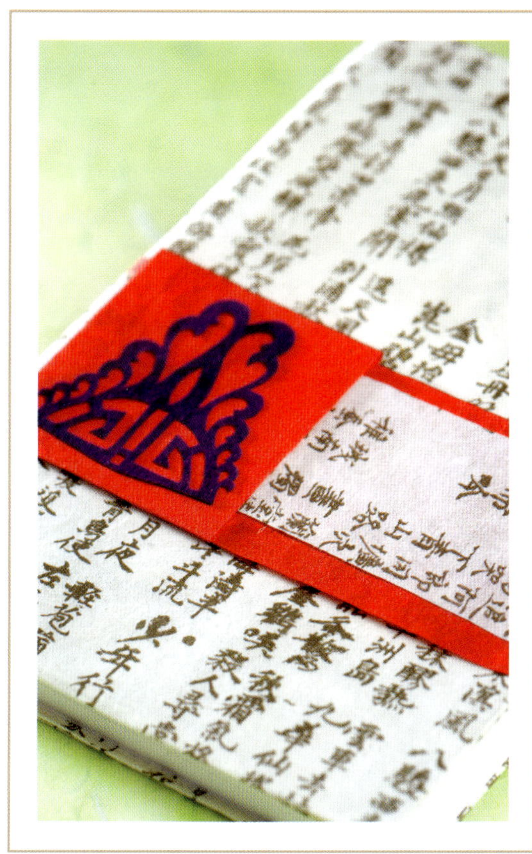

두 가지 한지 준비하기

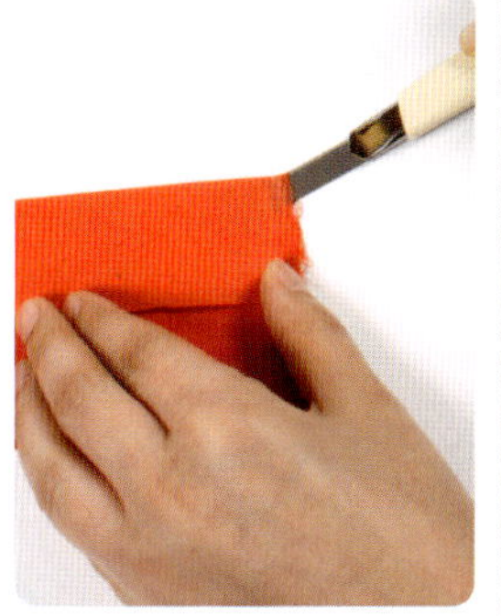

09 두 가지 한지를 준비한다. 빨강 한지(폭 10cm, 책둘레+10cm), 한글 한지(폭 7cm, 책둘레)

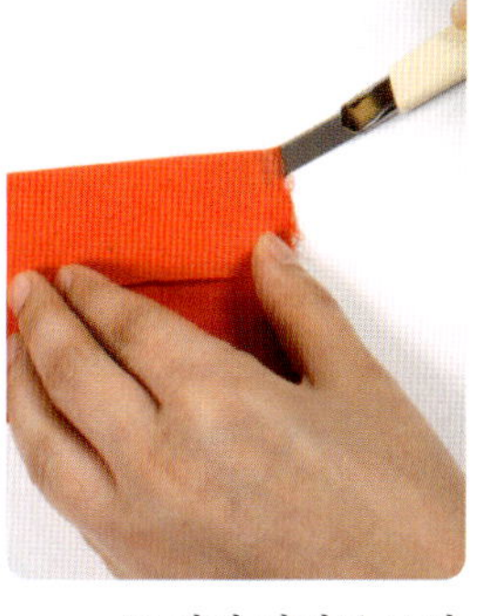

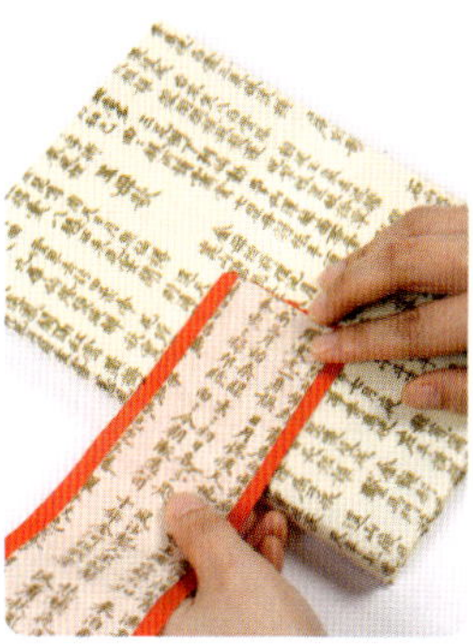

10 빨강 한지 위에 한글 한지를 붙인 후 앞쪽 적당한 곳에 고정시킨다.

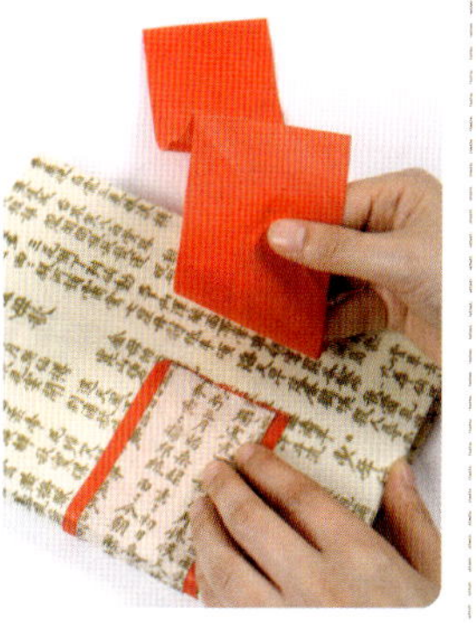

11 한 바퀴 둘러준 후 처음 고정시킨 곳에서 만난다.

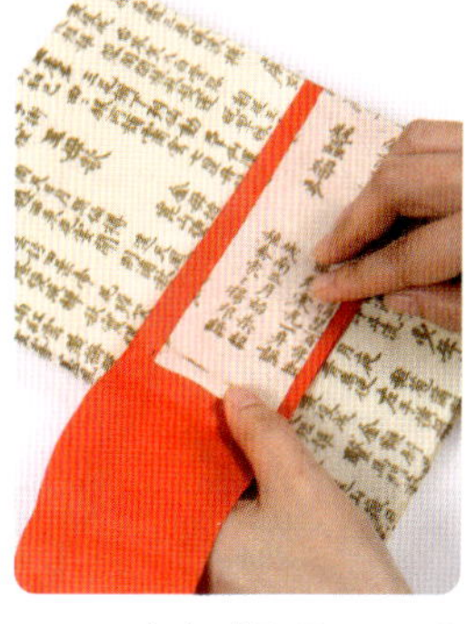

12 한지 띠를 풀로 고정시킨다.

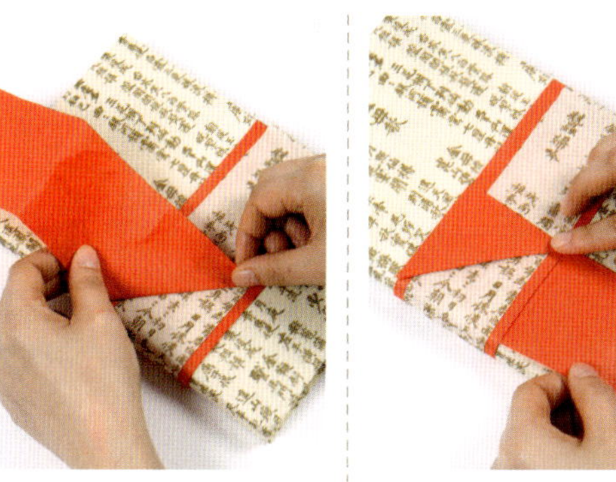

13 띠를 사선으로 접어 위로 올려준다.

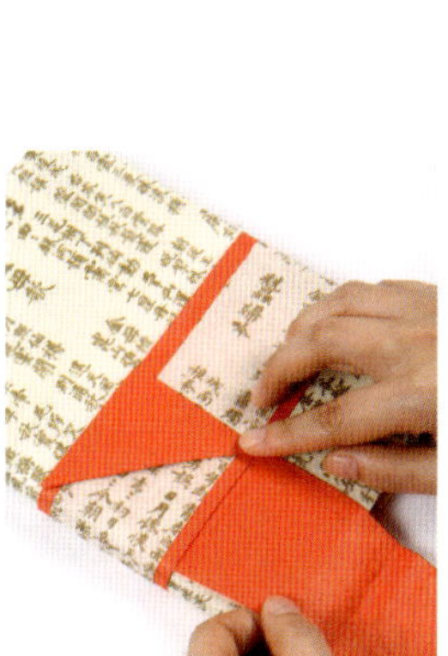

14 띠 안쪽 밑으로 통과시켜 빼준다.

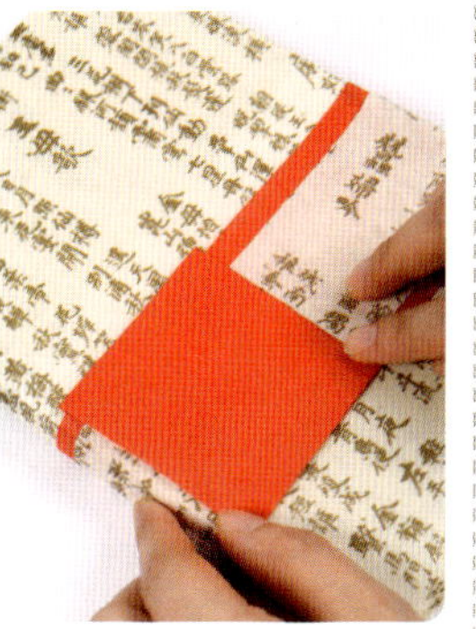

15 다시 위로 접어 안쪽 밑으로 집어넣어 고정시킨다.

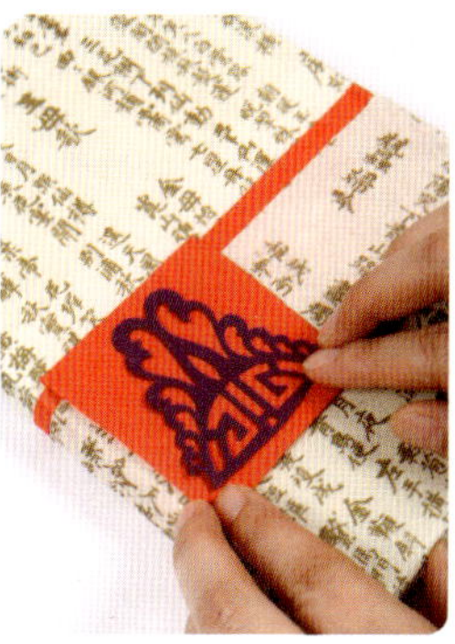

16 빨간색 띠 위에 문양을 붙여 완성한다.

목욕용품 선물 포장(복주머니식)

선물 중에서 가장 부담 없이 할 수 있는 선물이 목욕용품이다.
일반적으로 목욕용품은 포장이 되어 있거나 매장에서
해주는 경우가 많다. 하지만 모두가 똑같은 건 무의미하다.
나만의 정성을 담아 선물(보디샴푸)을 포장해 보자.

How to make

재료 한지, 상자, 목욕용품(보디샴푸, 보디로션), 칼, 양면테이프, 매듭실, 노리개

01 한지를 보디샴푸 길이×2.5cm, 둘레×2cm로 2장 재단한다.

02 양면테이프를 용기 길이만큼 붙여준다. (양쪽) 아랫부분도 붙인다.

03 양면테이프를 떼면서 붙여준다.(주머니를 만든다.)

04 한지 속에 용기를 넣어준다.

05 복주머니처럼 주름을 잡아 매듭실로 옷고름 모양으로 묶어준다.

06 준비한 상자에 다른 색의 한지를 구겨 넣는다.

07 05의 복주머니 샴푸 포장을 상자 안에 담아준다.

08 길이 15cm, 폭 10cm의 또 다른 한지를 준비한다.

09 상자 뚜껑 안쪽에 고정시킨다.

10 뚜껑 윗면의 절반 정도 오도록 붙여준 후 노리개를 붙여 장식한다.

목욕용품 선물 포장 (한복 저고리식)

선물 중에서 가장 부담 없이 할 수 있는 선물이 목욕용품이다.
일반적으로 목욕용품은 포장이 되어 있거나 매장에서
해 주는 경우가 많다. 하지만 모두가 똑같은 건 무의미하다.
나만의 정성을 담아 선물(보디로션)을 포장해 보자.

How to make

재료 한지, 상자, 목욕용품(보디샴푸, 보디로션), 칼, 양면 테이프, 매듭실, 노리개

01 다른 느낌의 한지를 두 장 준비한다.

02 용기를 사진처럼 한지 위에 놓는다.(용기보다 2배 반 정도 크게 정사각형으로 재단한다.)

03 접어서 이등변삼각형이 되도록 한다.

04 용기를 **03**의 한지 위에 놓는다.

05 아랫부분을 5cm 정도 접는다.

06 접은 한지로 용기 밑부분을 받쳐준다.

07 왼쪽부터 안쪽으로 접어준다.

08 오른쪽도 안쪽으로 접어준다.

09 끝 모서리 부분을 뒤쪽에서 고정시킨다.

알아두세요!

• 한지의 속지가 겉지보다 3cm 정도 밖으로 보여지게 재단해야 한다.

같은 무늬의 한지를 준비하기

10 한지를 폭 1cm, 길이 30cm로 준비하여 양면테이프를 붙인다.

11 한지를 끈처럼 만들기 위해 꼬아준다.

12 만든 매듭끈으로 포장된 용기 중간을 돌려준다.

13 매듭끈 사이에 노리개를 끼워준다.

14 옷고름 모양으로 묶어 마무리한다.

알아두세요!

• 튜브 모양의 선물은 그 모양을 그대로 살려 포장해 주면 선물의 내용을 상대방이 알 수 있어 교환하기도 편리한 장점이 있다.

열쇠 지갑 선물 포장

자동차 열쇠를 들고 다니는 불편함을 알고 있는
이들은 열쇠 지갑을 선물로 받았을 때 이루 말할 수 없을
정도로 기분 좋다.
노란 한지와 무늬가 있는 한지로 깜찍하게 포장해 보자.

재료 한지, 열쇠고리 지갑, 상자, 칼, 양면테이프

01 겉지와 속지로 쓰일 서로 다른 색상의 한지를 준비한다.

02 상자 길이×2배를 정사각형으로 잘라준다. 겉지는 속지보다 5cm 작게 자른다.

03 겉지와 속지가 재단된 모습이다.

04 상자를 한지 모서리에 오도록 한 다음 상자 위를 끝까지 감싼다.

05 마주보는 한지의 모서리 부분을 상자 위에 덮어준다.

06 다른 한쪽을 상자 위로 모아준다.

07 양쪽 모서리 부분의 한지가 상자 밖으로 삐져나오지 않도록 한다.

08 한지를 안쪽으로 접어준다.

09 한지 끝 모서리가 삼각형이 되도록 한다.

10 모서리 부분을 접어 밑으로 고정시킨다.

서로 다른 색상의 한지 준비하기

11 다른 색의 한지로 2장 준비한다.(폭 3cm, 길이 9cm)

12 사진과 같이 한지를 접어준다.

13 계속 접어 딱지 모양을 만든다.

14 크고 작은 것 두 개를 만든다.

15 14를 상자 앞쪽 높이 부분에 붙여준다.

16 서로 다른 세 가지 색 한지를 폭 1cm, 길이 50~60cm로 잘라 양면테이프를 붙인다.

17 양면테이프를 떼어내면서 한지를 꼬아준다.

18 세 가지 한지를 각각 꼬아준 뒤 하나로 묶어준다.

19 세 가지 한지를 머리 따듯이 따내려 간다.

20 길이만큼 따지면 끝을 묶어준다.

21 양면테이프로 고정하여 매듭끈을 상자 윗면에 붙여준다.

22 모양과 리듬을 주며 상자 위에 붙여준다.

23 서로 연결하여 장식한다.

24 매듭끈을 잘 만져준 후 마무리한다.

알아두세요!

- 매듭끈을 한지로 만들 때 양면테이프를 붙이고 사선으로 안쪽을 향해 말아준다.
- 매듭끈을 이용하여 여러 가지 모양 장식을 만들 수 있다.

매듭을 나선형 모양으로 만들어 포인트를 준다.
여러 가지 모양으로 포인트를 줄 수 있다.

딱지를 서로 다른
색상과 크기로 2개
접어준다. 포장의
마무리 부분이 보이
지 않도록 딱지를
붙여 가려준다.

Part 04

로맨틱한 선물
포장하기

선물을 주고 싶은 꼭 한 사람이 있다면, 나만의 특별한
포장을 하여 전할 것을 권하고 싶다.
사랑과 정성을 포장에 듬뿍 담아 사랑하는 이의 마음을
사로잡아 보자.

꽃 선물 포장

연인에게 사랑을 고백할 때 아름다운 향기가 전해질 수 있도록
꽃을 선물해 본다. 한지를 이용한 꽃 포장은 일반 포장지와는 다른
은은하고 고급스런 느낌을 전달해 준다.

How to make

재료 한지, 거베라, 노리개, 매듭끈

01 꽃을 감쌀 한지를 준비한다.

02 한지 모서리가 위로 올라 오도록 하고 꽃을 그 위에 얹는다.

03 한지를 꽃이 보이도록 감싸준다.

04 다른 색 한지를 준비한다.(두세 겹 접어준다.)

05 04의 한지를 03에 둘러준다.

06 속지보다 조금 낮게 포장한다.

07 손으로 주름을 잡아 잘 모아준다.

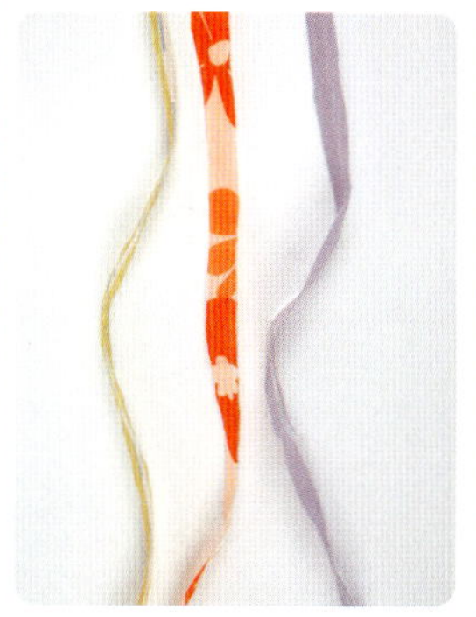

08 서로 다른 색 띠를 준비한다.(폭 1cm, 길이 50~60cm)

09 양면테이프를 떼면서 꼬아 매듭끈을 만들어 머리 따듯 따준다.

10 감싼 한지를 잘 만져 모아준다.

11 삼색 매듭끈으로 돌려준다.

12 매듭끈에 노리개를 끼워 묶는다.

13 다시 한 번 묶어준다.

14 꽃다발이 완성된 모습이다.

꽃 포장을 할 때는 꽃의 색상과 같은 색이나
보색으로 포장을 해 준다.

한지로 꽃다발을 포장할 때 일반적인
리본보다는 같은 느낌의 한지를 끈으로 묶어주면
한층 더 잘 어우러져 보인다.

향수 선물 포장

향수의 은은함을 그대로 포장으로 옮겨본다.
한지를 이용하여 커플 향수를 아름답고 향기롭게 포장해 보자.
향기를 좇아 나비가 소리 없이 포장 위에 날아들었다.

How to make

재료 한지, 향수, 풀, 가위, 칼, 나비 문양

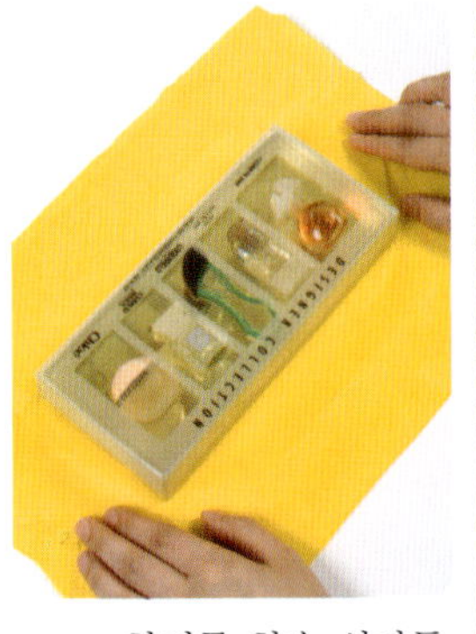

01 한지를 향수 상자둘레와 상자길이＋양쪽 높이＋2cm로 재단한다.

02 상자 높이만큼 접어준다.

03 상자를 놓고 한 번 더 접어준다.

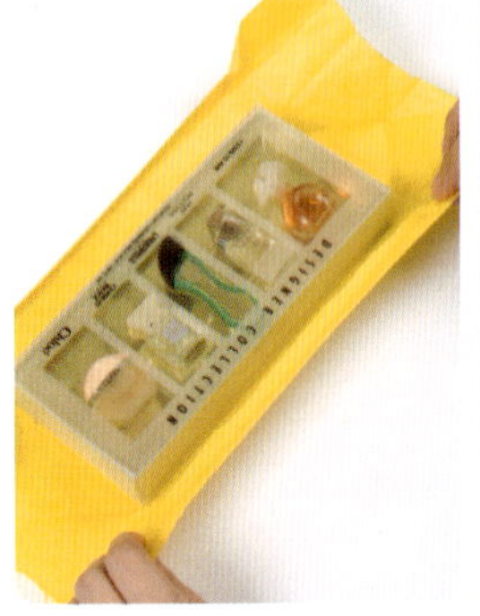

04 반대쪽도 같은 방법으로 접어준다.

05 양쪽을 접어 상자 위로 3cm 정도 올라오도록 한다.

06 양쪽 높이 부분도 상자 위로 시접을 접어 3cm 정도 올라오도록 한다.

07 풀로 고정시켜준다.

다른 색상의 한지 준비하기

08 다른 색상의 한지를 준비한다.(상자길이 +양쪽 높이, 상자둘레)

09 한지에 주름을 잡아 준다.

10 상자 양쪽에 각각 3cm를 남길 정도로 끝까지 주름을 잡는다.

11 상자 위에 주름 잡은 한지를 덮어준다.

12 양쪽을 맞춰가며 붙여준다.

13 높이 부분(노란 한지)을 위로 고정시킨다.

알아두세요!

• 주름을 상자 위에 붙여줄 때 윗부분의 공간이 뜨도록 한다. 향수가 보일 수 있도록 한다.

한지를 이용해서 만든 노리개

14 폭 7cm, 길이 5cm 의 한지를 2장 준비한다.

15 위쪽 1cm 정도에 접는 선을 표시한다.

16 접는 선까지 가위로 0.5cm 간격으로 잘라준다.

17 자른 후 둥글게 말아준다.

18 말아준 후 풀로 붙여 마무리한다.

19 노리개를 상자에 달아준다.

20 상자 반대쪽에도 달아준다.

21 주름 한지 위에 나비를 붙여 완성한다.

한지의 멋을 살려 맛있는 쿠키를 포장해 보자.
전체를 감싸지 않고 양쪽이 보여지게 포장을 하여
쿠키의 맛을 눈으로 느낄 수 있도록 하였다.

How to make

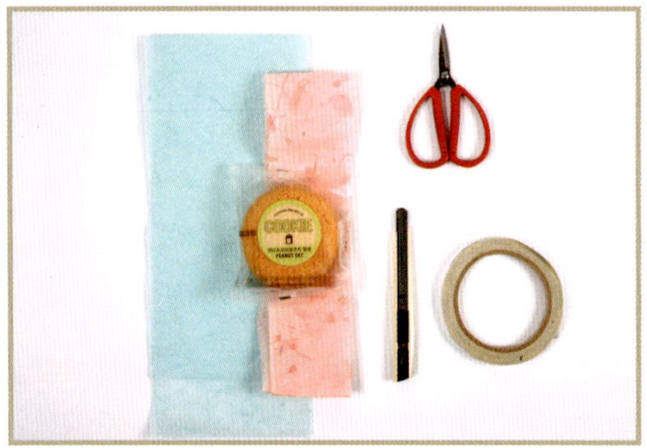

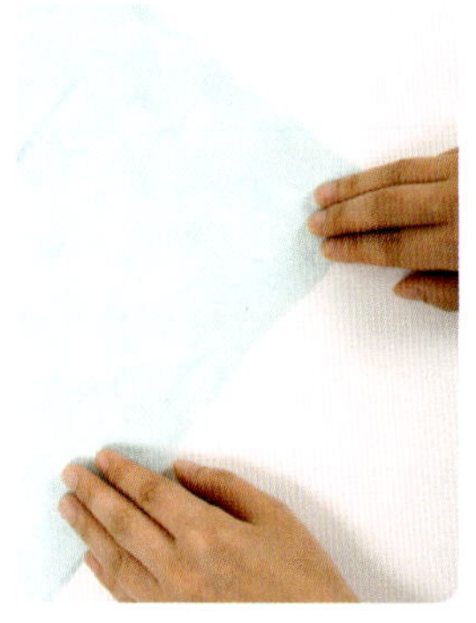

재료 한지, 쿠키, 양면테이프, 가위, 칼

01 한지를 준비한다.(쿠키폭×2, 쿠키둘레×2+5cm)

02 크기에 맞게 칼로 재단한다.

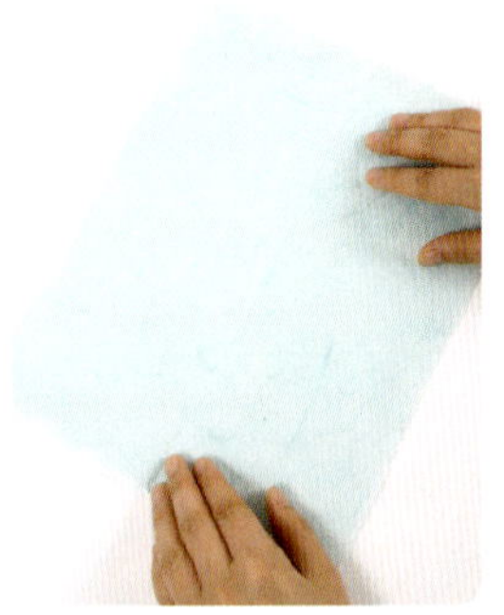

03 한지를 잘 펴준다.

04 반으로 접어준다.

05 접은 한지 위에 쿠키를 놓는다.

06 한지로 쿠키를 감아준다.

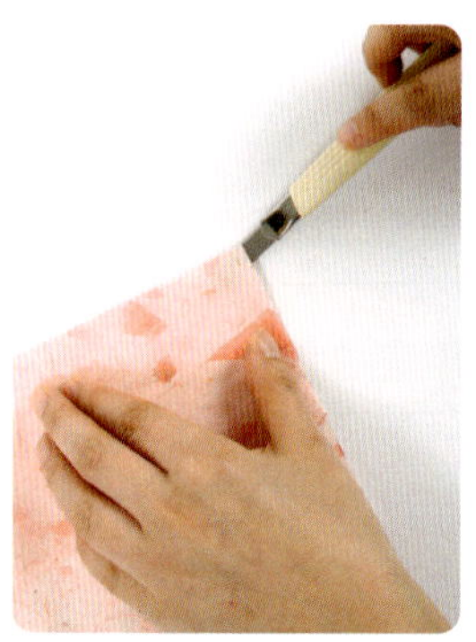

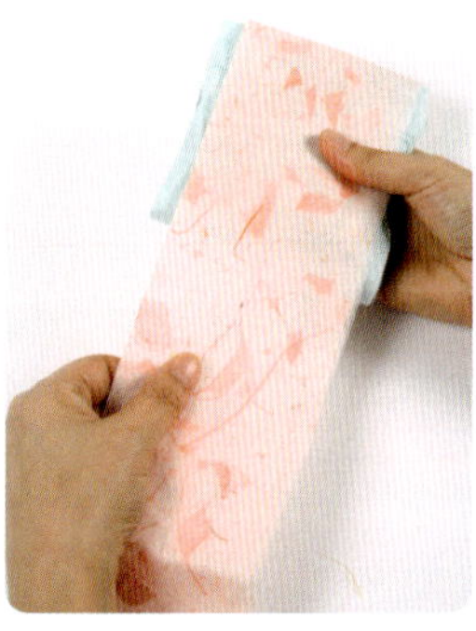

07 감아준 한지 윗부분을 양면테이프로 고정시킨다.

08 다른 색 한지를 준비하여 쿠키를 놓고 크기를 가늠한다.

09 한지를 쿠키폭, 쿠키둘레×2+5cm 크기로 재단한다.

10 07을 다른 한지 위에 놓고 한 바퀴 둘러준다.

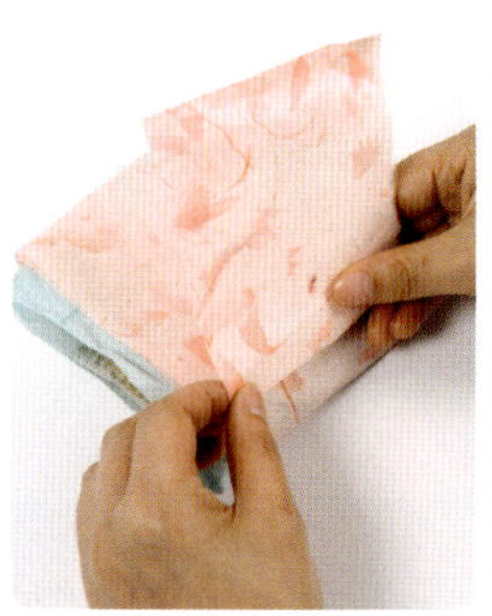

11 한지를 둘러준 후 여유분은 위에서 주름 잡아준다.

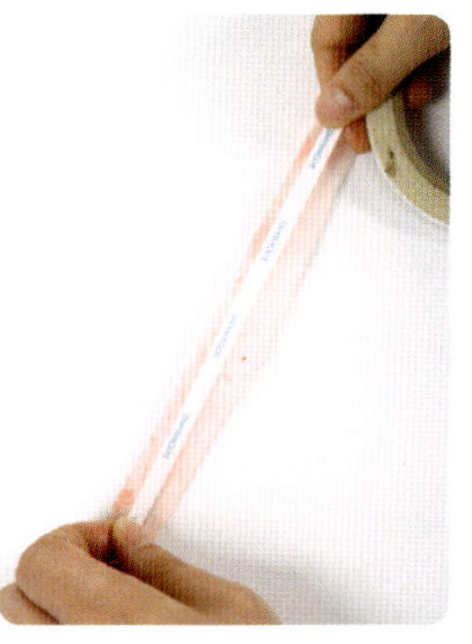

12 폭 1cm, 길이 20cm 의 한지에 양면테이프를 붙여 준비한다.

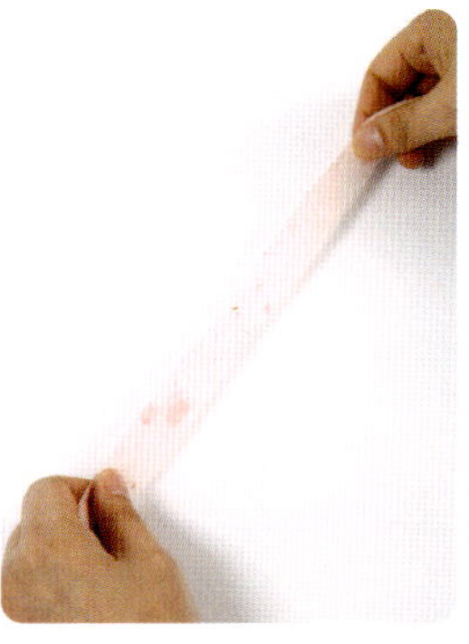

13 양면테이프를 떼면서 한지를 꼬아준다.

14 매듭끈이 완성된 모습이다.

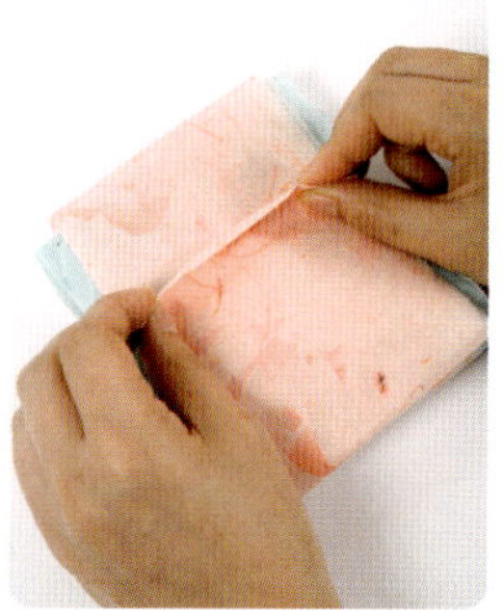

15 11에서 주름 잡은 여유분을 고정시킨다.

16 14에서 준비한 매듭끈을 둘러준다.

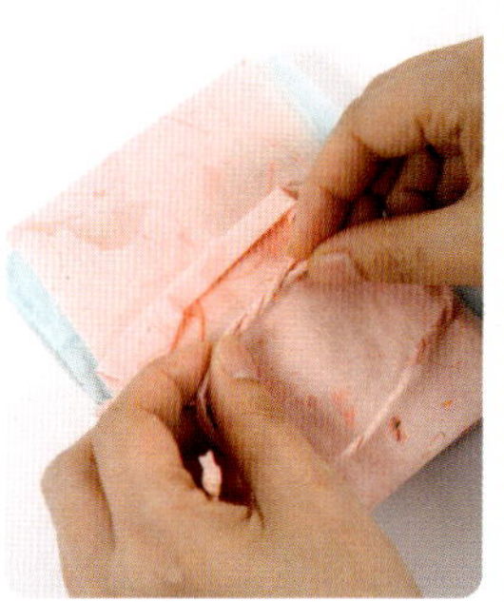

17 한 바퀴 둘러준 후 매듭끈을 묶어준다.

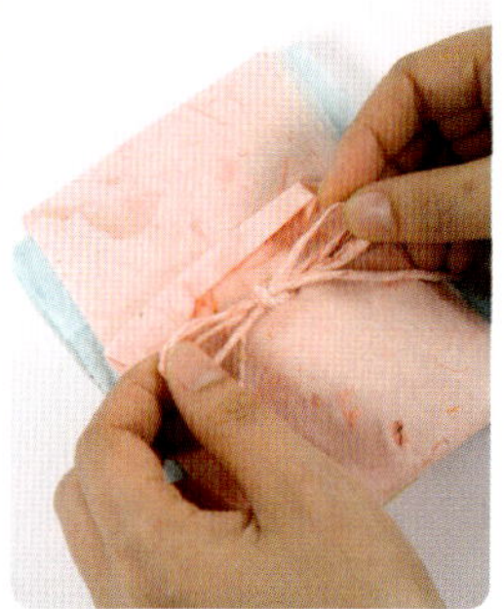

18 나비 모양이 되도록 한 번 더 묶어준다.

다른 색상의 한지 준비하기

19 폭 14cm, 길이 7cm 의 한지를 준비한다.

20 반으로 접는다.

21 다시 반으로 접는다.

22 접었던 한지를 다시 펴준다.

23 위의 1cm를 남기고 일정한 간격으로 잘 라준다.

24 가위로 자른 후 말아 준다.

25 둥글게 말아 양면테 이프로 고정한다.

26 18에 한지 노리개를 달아주어 완성한다.

필통 선물 포장

사랑하는 사람에게 필통을 선물하면 의아해 할 수도 있을 것이다.
하지만 사랑하는 이에게 편지를 받고 싶다면 꼭 필통을 선물해 본다.
예쁜 한지를 이용하여 사탕 모양으로 귀엽게 포장해 보자.

How to make

재료 한지, 필통, 칼, 풀, 양면테이프, 장식 노리개

01 한지를 필통 길이보다 양쪽으로 7cm씩 더 길게, 필통둘레＋2cm로 재단한다.

02 길이 쪽 끝부분에 시접을 접어 풀칠을 해준다.

03 한지로 필통을 감싸준다.

04 한지를 붙여준다.

05 한지를 폭 1cm, 길이 30cm로 잘라 양면테이프를 붙여 매듭끈을 만든다.

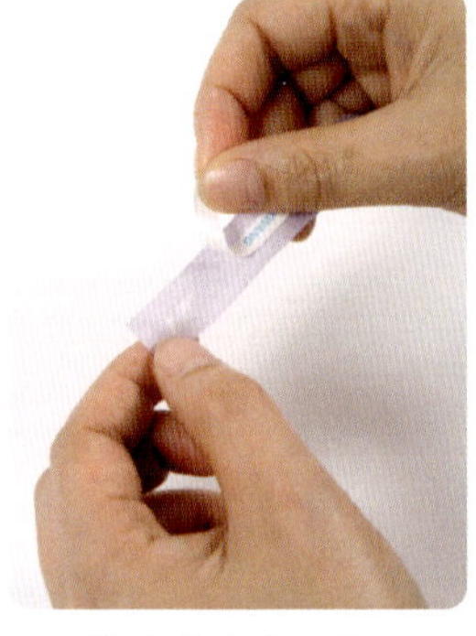

06 양면테이프를 조금씩 떼어낸다.

07 떼어준 양면테이프로 한지를 한 방향으로 꼬아준다.

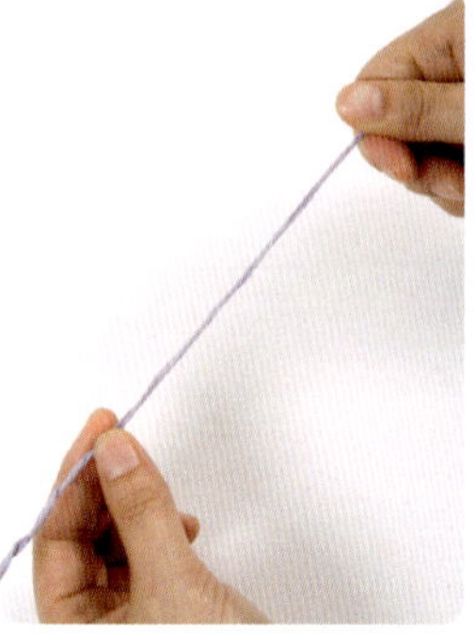

08 매듭끈이 완성된 모습이다.

서로 다른 색상의 한지 두 가지 준비하기

09 04의 양쪽에 매듭끈을 묶어준다.

10 한 바퀴 돌린 후 리본으로 묶어준다.

11 양쪽 끝부분을 핑킹가위로 잘라준다.

12 서로 다른 색상의 한지를 준비한다.

13 속지를 겉지보다 5cm 정도 크게 재단하여 접어준다.

14 속지를 네 면 모두 접어준다.

15 풀칠하여 네 면 모두 붙여준다.

알아두세요!

• 이중 포장용 한지의 크기는 필통둘레 + 2cm, 필통길이만큼으로 한다.

서로 다른 한지, 장식 준비하기

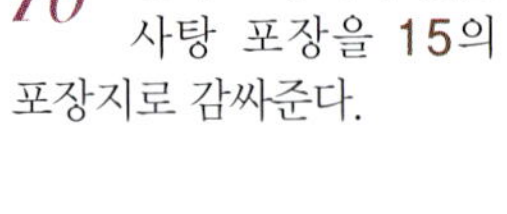

16 먼저 포장되어 있는 사탕 포장을 **15**의 포장지로 감싸준다.

17 감싼 후 양면테이프로 고정시킨다.

18 폭 5cm, 길이 15cm 의 띠를 준비한다.

19 양면테이프를 붙여 대문 접기를 해준다.

20 끝부분을 풀칠하여 고정시킨다.

21 한 바퀴 돌려 사선으로 접어 다시 밑으로 밀어 넣어준다.

22 밀어 넣어준 다음 고정시켜준다.

23 고정시킨 후 노리개를 달아 완성한다.

보석함 선물 포장

여자들이 가장 갖고 싶어하는 선물은 아마 보석일 것이다.
집에 한두 개쯤은 있을 핸드폰 케이스를 액세서리 선물 상자로
이용해 보자.

재료 한지, 상자, 문양, 액세서리, 칼, 풀, 매듭끈

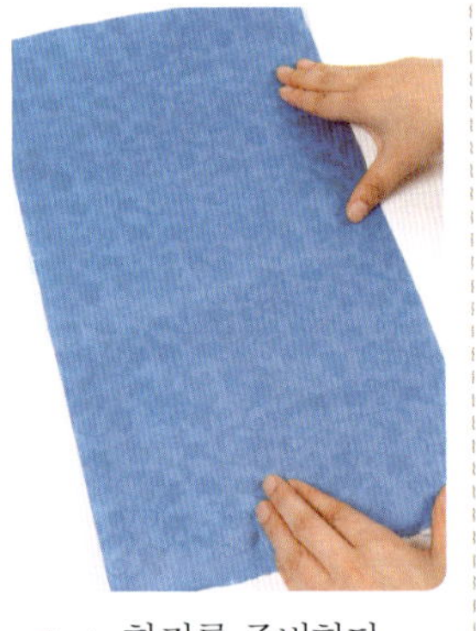

01 한지를 준비한다.

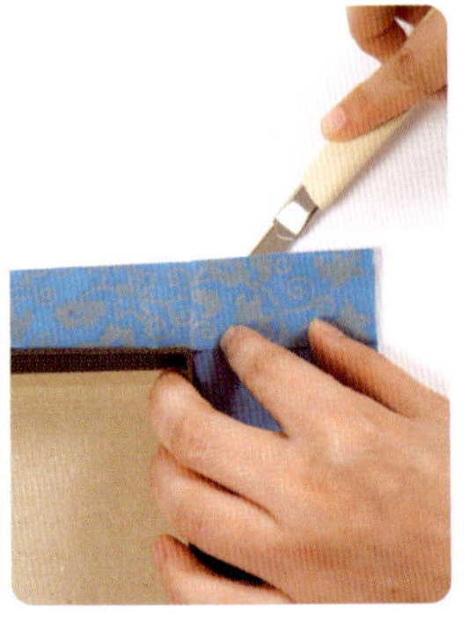

02 한지 위에 상자를 올려놓고 상자높이까지 여유있게 재단한다.

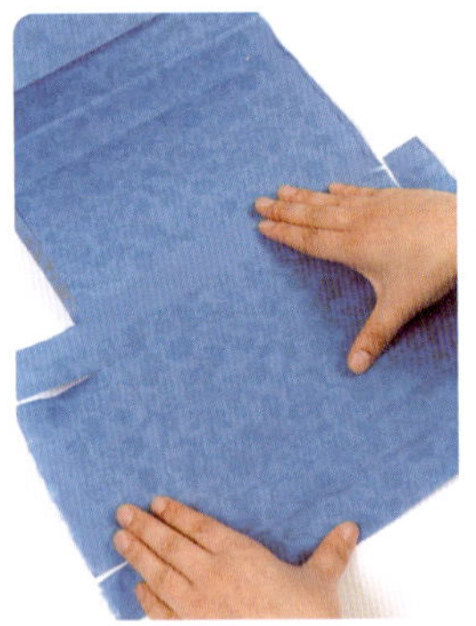

03 상자 높이 옆선을 재단한다.

04 상자를 한지 위에 올려놓는다.

05 높이 테두리를 둘러준다.

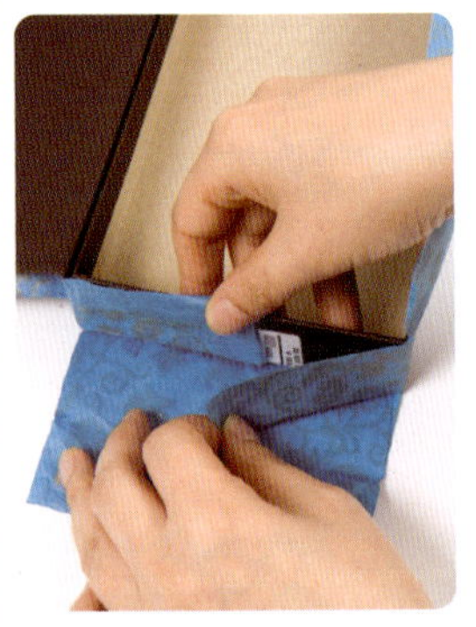

06 사진과 같이 서로 겹쳐준다.

07 옆선 높이 부분을 붙여 상자 안쪽으로 고정시킨다.

08 다른 한쪽도 같은 방법으로 붙여준다.

09 바닥에 붙일 한지를 바닥 넓이만큼 재단한다.

10 한지를 바닥에 붙여준다.

11 바깥쪽 뚜껑에 한지를 붙인다.

12 안쪽 뚜껑에 한지를 붙인다.

13 연결해서 안쪽으로 붙여준다.

14 한지가 붙여진 상자의 모습이다.

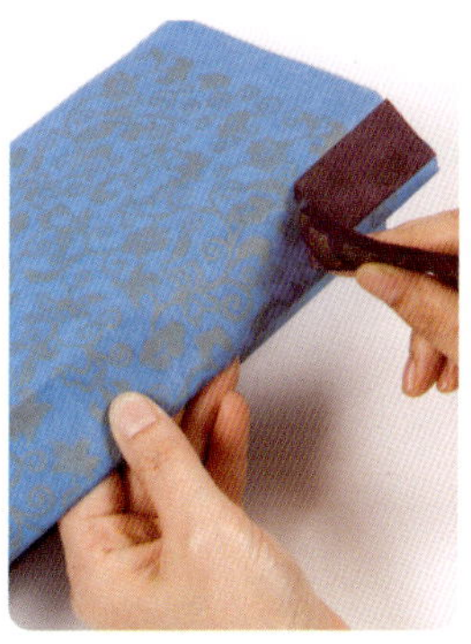

15 완성된 상자 테두리 부분을 붙이기 위해 다른 색 한지를 준비한다.

16 풀을 칠해 테두리를 붙여준다.

17 다른 면도 계속해서 붙여준다.

18 덮개 안쪽에도 테두리에 띠를 붙여준다.

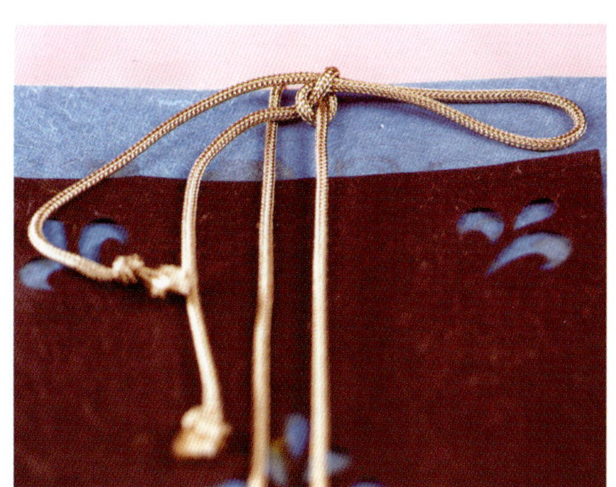

알아두세요!

• 뚜껑이 하나로 되어 있는 원터치 상자를 한지로 덧씌울 때는 조각조각 자르지 않고 하나로 연결해서 통째로 붙여준다.

문양, 매듭끈 준비하기

19 프린트한 문양을 준비한다.

20 신문지를 밑에 깔고 흰부분을 칼끝으로 파낸다.

21 문양을 준비해 둔다.

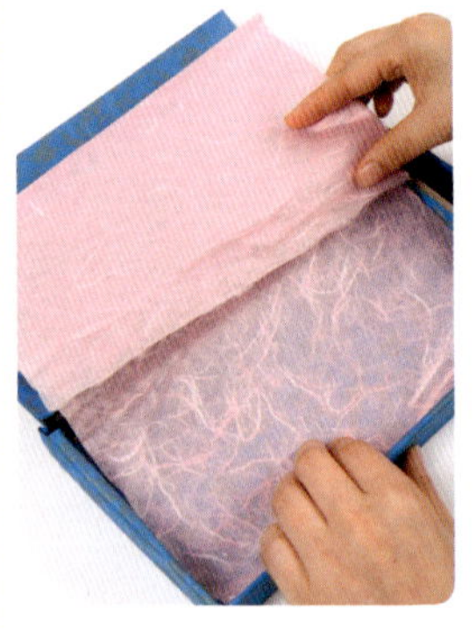

22 다른 색상의 부드러운 한지를 상자 크기만큼 재단하여 안에 넣어준다.

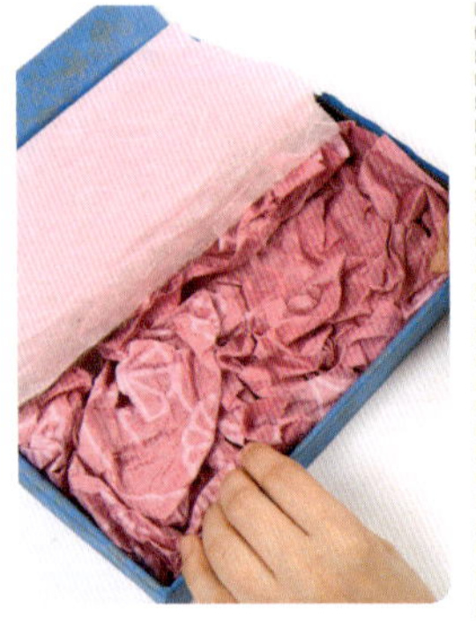

23 다른 색상의 한지를 구겨서 바닥에 깔아준다.

24 내용물을 보기 좋게 담아준다.

25 속지를 덮어준 후 준비한 문양을 그 위에 붙여준다.

26 상자 안쪽에 속지를 깔아 내용물을 덮어준다.

27 21에서 준비한 문양
에 풀칠을 한다.

28 상자 윗부분 중심에
문양을 붙여준다.

29 매듭끈으로 상자를
두 바퀴 돌려준다.

30 매듭끈을 묶어준다.

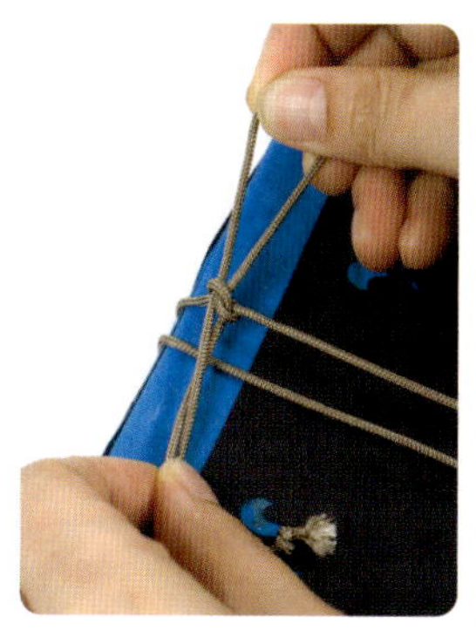

31 리본 모양으로 묶어
완성한다.

알아두세요!

- 문양을 선택할 때는 선물의 내용이나 받는 사람의
  취향을 파악해서 꼭 전통 문양이 아니더라도 여러
  가지 캐릭터 모양을 활용해도 된다.

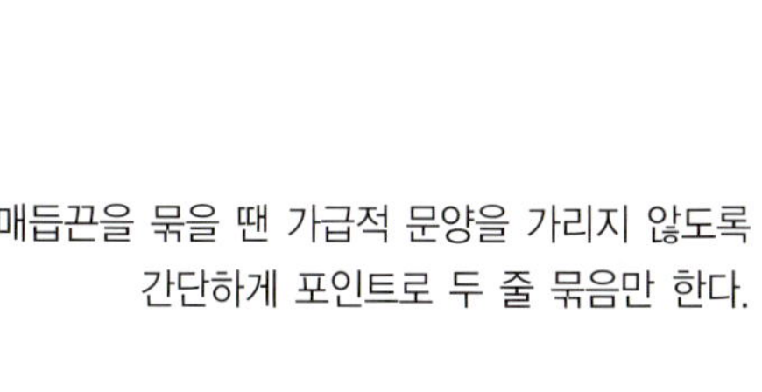

매듭끈을 묶을 땐 가급적 문양을 가리지 않도록
간단하게 포인트로 두 줄 묶음만 한다.

속옷 선물 포장

속옷을 선물하고 싶을 때 매장에서 흔히 하는
포장이 아닌, 주는 이의 마음과 정성이 배어 있는
예쁜 복주머니 모양으로 새롭게 포장해 보자.

How to make

재료 한지, 속옷, 양면테이프, 매듭끈, 칼, 노리개

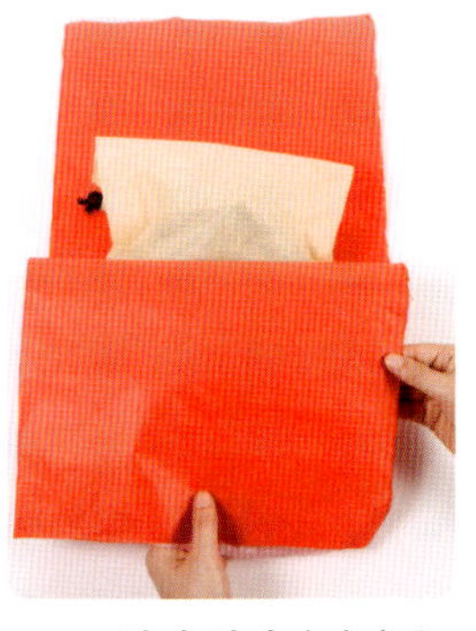

01 한지 위에 속옷을 놓고 밑에서부터 위에까지 여유분 20cm 정도 남긴다.

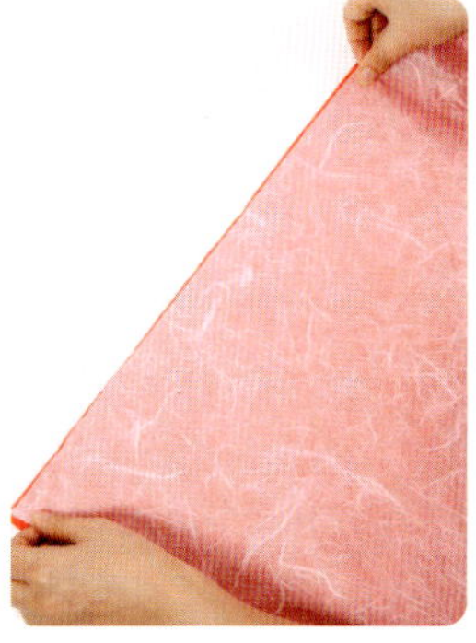

02 양쪽 너비는 속옷보다 5cm씩 여유있게 자른다. 분홍색 한지도 빨간색과 같이 재단한다.

03 재단한 빨간색 한지 양옆에 양면테이프를 붙인다.

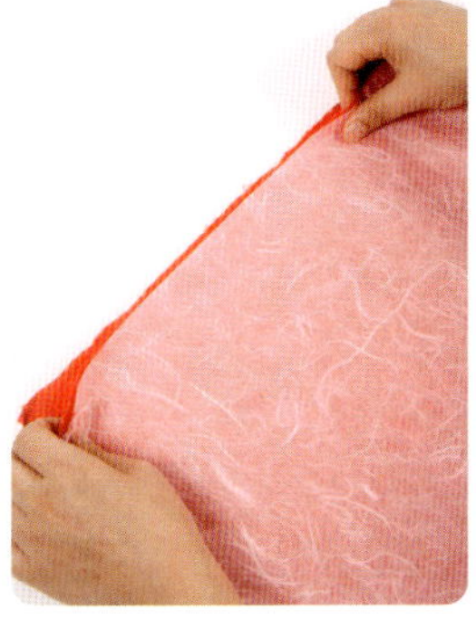

04 분홍색 한지를 빨간색 한지 위에 놓고 붙여준다.

05 다시 뒤집어 빨간색 한지를 반으로 접어 양옆의 1/2을 양면테이프로 붙인다.

06 한자 한지를 전체 길이 만큼, 폭 10cm로 잘라준다.

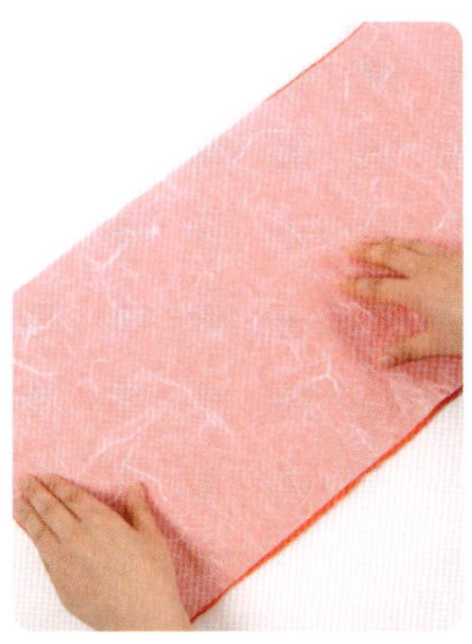

07 다시 분홍색이 있는 한지 쪽을 펼친다.

08 06에서 준비한 빨간색 한자 한지를 길이로 길게 붙여준다.

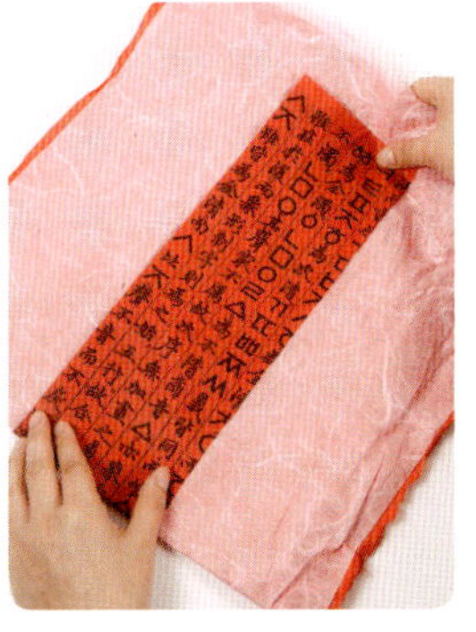

09 반을 접어 미리 붙여둔 양면테이프를 떼내어 고정시킨다.

10 준비한 속옷을 한지 주머니에 넣어준다.

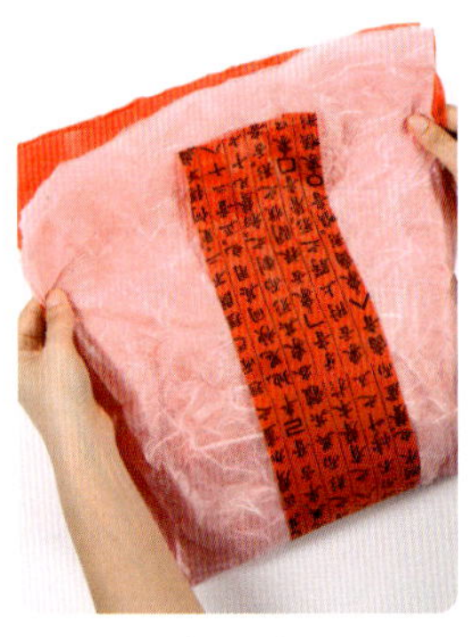

11 한지 주머니를 고루 잘 펴서 만져준다.

12 복주머니처럼 윗부분에 주름을 잡는다.

13 주름 잡은 부분을 매듭실로 묶어준다.

14 매듭실에 노리개를 끼워준다.

15 다시 한 번 옷고름 모양으로 묶어준다.

복주머니 앞쪽의 매듭 장식

향기초 선물 포장

팬시점에 가 보면 여러 가지 모양의 향기초들이
진열장에 장식되어 있는 것을 볼 수 있다.
가까운 친구나 사랑하는 연인에게 향기초를 선물해 보자.
한지의 특성을 살려 질감을 그대로 포장에 응용해 보자.

How to make

재료 한지, 향기초, 칼, 풀

01 한지를 초둘레+시접(2cm), 지름+초 길이×2로 재단한다.

02 한지의 길이 쪽에서 2/3를 손으로 잘라준다.

03 긴 쪽은 뒷면에, 짧은 쪽은 앞면에 서로 풀로 붙여준다.(뒷면과 앞면을 서로 바꿔준다.)

04 붙여진 한지를 뒷면이 앞으로 오도록 초를 감싼다.

05 시접을 풀칠하여 붙인다.

06 한지를 붙일 때 풀칠을 하여 붙여 잘 만져준다.

07 초 밑면은 한지 끝이 중심에 오도록 주름을 잡는다.

08 돌려가며 일정한 간격으로 접는다.

09 마지막 접은 부분은 처음 시작한 부분 밑으로 집어넣는다.

알아두세요!

• 원통형 회전식을 접을 땐 끝마무리 부분의 처리가 어렵다. 끝 부분을 처리하기 힘들 땐 마지막 접은 후 스티커를 붙여 고정시킨다.

한지를 준비하여 질감을 표현한다.

10 한지를 결대로 찢어 준다.

11 좁게 찢은 한지는 통 윗부분에 붙인다.

12 넓게 찢은 한지는 통 중간에 돌려준다.

13 돌려준 후 풀로 붙여 준다.

14 다시 그림 모양대로 한지를 찢는다.

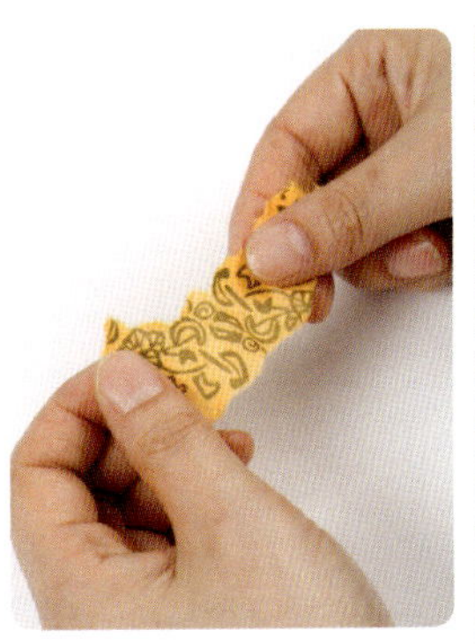

15 찢어진 종이의 모습 이다.

16 윗쪽 빈공간에 붙여 준다.

17 다른 곳도 붙여준다.

같은 한지로 매듭끈을 만든다.

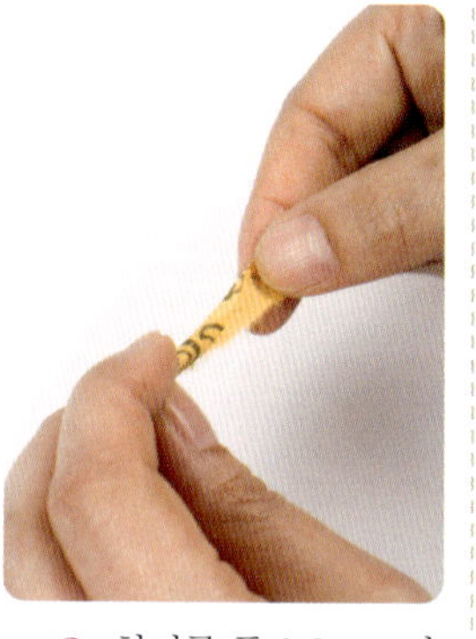

18 한지를 폭 0.8cm, 길이 30cm로 잘라 양면테이프를 붙여 꼬아준다.

19 통 윗부분을 주름잡아 준다.

20 매듭끈으로 한 바퀴 돌려 묶는다.

21 옷고름 모양으로 다시 한 번 묶는다.

22 상단 부분을 주름잡아 모아준다.

23 모아준 주름을 양면테이프나 풀로 붙여준다.

24 한지를 꼬아서 5cm 가는 심을 만들어 상단에 꽂아준다.

25 매듭끈으로 옷고름을 만들어 통 중간에 붙여 완성한다.

손거울 선물 포장

여자라면 누구에게나 손쉽게 할 수 있는 선물이 손거울이다.
요즘에는 남자들도 손거울을 많이 지니고 다닌다.
한지를 이용해서 깔끔하면서도 전통의 느낌이 나도록 포장해 보자.

재료 한지, 손거울 세트, 풀, 칼, 매듭실, 먹물, 붓

01 한지를 마름모꼴로 놓고 재단한다.(상자 길이×2)

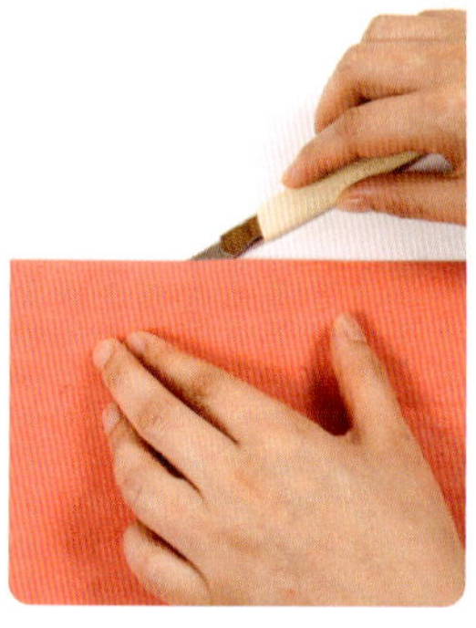

02 상자 길이의 2배를 재단한다.

03 대각선으로 접어 정사각형의 한지를 준비한다.

04 한지를 마름모꼴로 놓고 상자를 돌려가며 접는다.

05 상자 모서리 부분을 잘 접어 위쪽으로 덮는다.

06 다시 상자를 뒤집어준다.

07 모서리를 중심으로 시접을 안으로 접어준다.

08 상자 위로 접어준다.

09 사각 테두리 면의 삐져나온 부분을 안으로 접어준다.

10 마무리 부분에 풀을 붙여 고정시킨다.

한문 한지 및 서로 다른 한지 두 장 준비하기

11 붓을 이용하여 먹물로 그림을 그린다.

12 상자 위에 그림을 그려 완성한다.

13 한지를 폭 10cm, 상자 세로 둘레+시접의 크기로 재단한다.

14 재단한 한지를 상자 세로 둘레에 감싼다.

15 시접을 풀칠하여 고정시킨다.

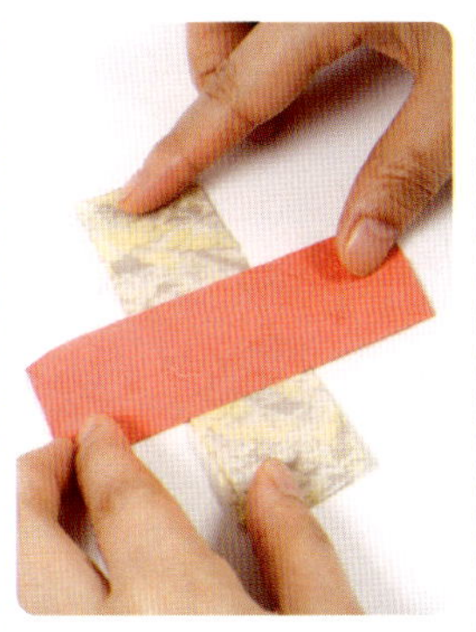

16 서로 다른 색상의 한지를 폭 5cm, 길이 15cm로 2장 준비한다.

17 한지를 서로 교차시켜 접는다.

18 계속해서 교차하면서 접는다.

19 딱지 모양이 완성되었다.

20 딱지를 상자 위 중앙에 붙인다.

21 매듭실로 두 번 돌려 준다.

22 옷고름 모양으로 묶어준다.

단색 한지로 포장한 후 그 위에 그림을 그리거나 글씨를 써 준다. 완성되면 다른 색 한지로 살짝 가려 다시 한 번 포장해 주면 포장을 풀 때의 감동은 두 배가 될 것이다.

Part 05

포장의 기본

다양한 포장 방법이 있지만 기본적으로 많이 쓰이는
포장법이 있다.
가장 기본이 되는 포장법에 대해 알아두면 여러 가지
포장의 변형에 응용할 수가 있다.

캐러멜 기본 포장

선물 포장의 가장 기본으로 캐러멜 포장법이 있다.
양면지를 이용했으며 뒷면 자투리를 활용해서 상자 윗면에
부채 모양을 접어 연결하였다.

How to make

 한지, 상자, 양면테이프, 매듭실, 가위, 칼

01 한지 위에 상자를 놓는다.

02 한지의 크기를 정한다.(상자둘레+시접(2cm), 상자길이+상자높이의 1/2+시접(1cm))

03 크기가 정해지면 재단한다.

04 한지의 둘레 시접분 1cm를 접는다.

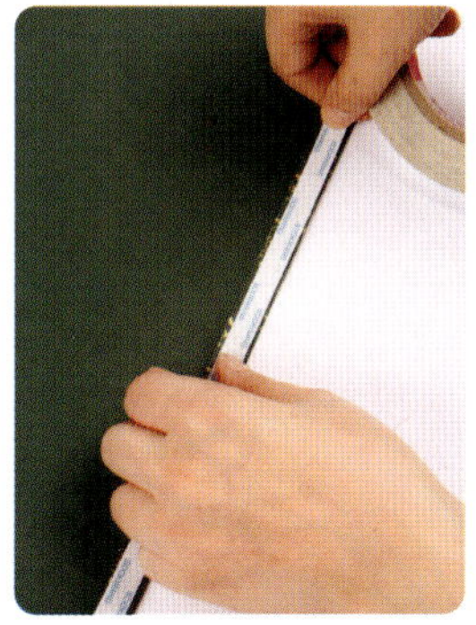

05 시접에 양면테이프를 붙인다.

06 한지로 상자를 감싸준다.

07 한지로 감싼 끝부분이 상자 가운데 오도록 한다.

08 양면테이프를 떼내면서 붙인다.

09 한지를 상자길이+양쪽 높이의 1/2, 상자 윗면 가로만큼 준비한다.

10 09를 사진과 같이 반으로 접어준다.

11 10을 또다시 반으로 접는다.

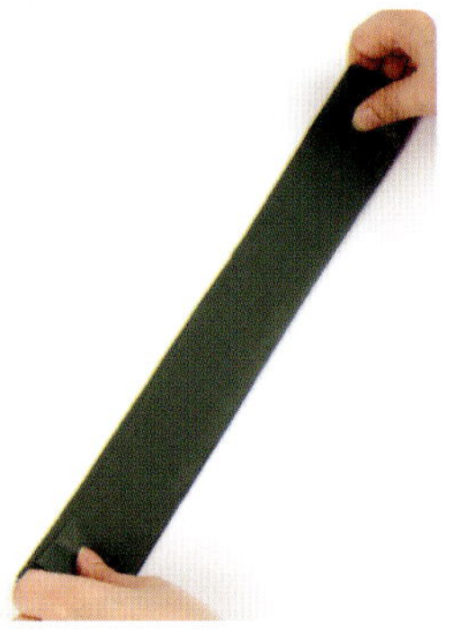

12 다시 반으로 접는다.

13 네 번째 접어준다.

14 부채 모양처럼 만들어준다.

15 14를 상자 가운데 놓는다.

16 상자 가운데 양면테이프를 붙인다.

17 양면테이프를 떼어낸다.

18 부채 모양을 양면테이프 위에 붙인다.

19 부채 모양을 붙인 다음 잘 펴준다.

20 상자 양쪽 높이 부분을 안쪽으로 접는다.

21 아래를 위로 접는다.

22 윗부분을 아래로 내려 접는다.

23 시접 1cm에 양면테이프를 붙인다.

24 양면테이프를 떼어준다.

25 양면테이프를 떼어가면서 붙여준다. 반대편도 같은 방법으로 한다.

26 높이 부분이 완성된 모습이다.

27 캐러멜 포장이 완성된 모습이다.

28 매듭실을 준비하여 돌려준다.

29 두 바퀴 정도 돌려 묶어준다.

30 매듭실을 모서리 쪽에 묶어준다.(모서리에 묶어야 풀리지 않는다.)

31 매듭실에 노리개를 끼운다.

32 끼운 후 묶어준다.

33 다시 옷고름 모양으로 묶어준다.

34 포장이 완성된 모습이다.

원통 회전식 포장

포장의 기본인 원통 포장을 회전식으로 일정 간격 주름을
잡으며 포장하는 방법이다.

How to make

재료 한지, 원통, 양면테이프, 칼, 풀

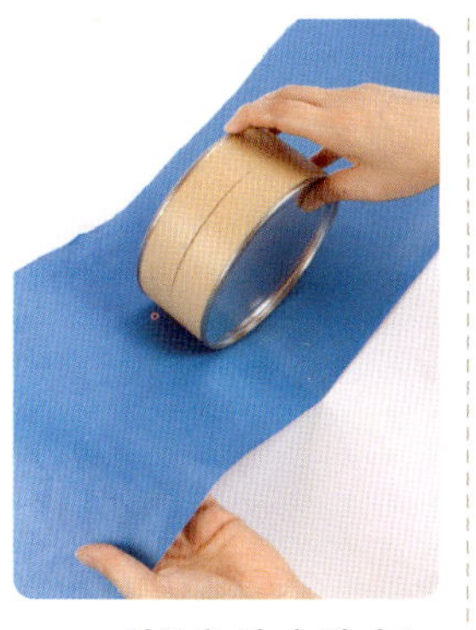

01 원통을 한지 위에 놓는다.

02 한지의 크기를 정한다.(원통둘레+시접(2cm), 원통높이+윗면 반지름+밑면 반지름)

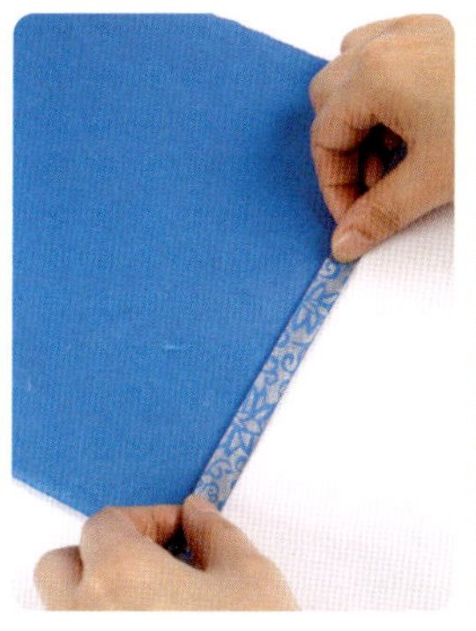

03 둘레 시접 1cm를 접는다.

04 시접 위에 양면테이프를 붙인다.

05 한지를 원통둘레에 감싸준다.

06 끝부분을 잘 맞춰 양면테이프를 조금 떼어낸다.

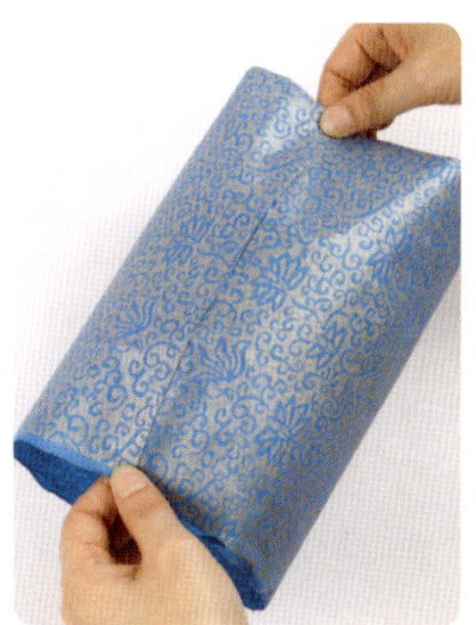

07 양면테이프를 모두 떼어내면서 붙인다.

08 다른 한지를 준비해서 폭 10cm와 길이 만큼 자른다.

09 한지의 1/3을 접어준다.

10 나머지 1/3을 접어준다.

11 접은 한지에 풀칠을 한다.

12 원통 이음부분에 풀 칠한 한지를 붙인다.

13 원통 윗면을 접는다. (원통 중앙 부분을 향해 접는다.)

14 일정한 간격을 유지 하며 접는다.

15 가운데 모아지도록 접는다.

16 마지막 부분을 안으 로 집어 넣는다.

17 다른 한지를 준비한 다.(길이:둘레 만큼, 폭 : 6 cm)

18 정한 크기대로 재단 한다.

19 한지의 1/3을 접어 준다.

20 나머지 1/3을 접어 준다.

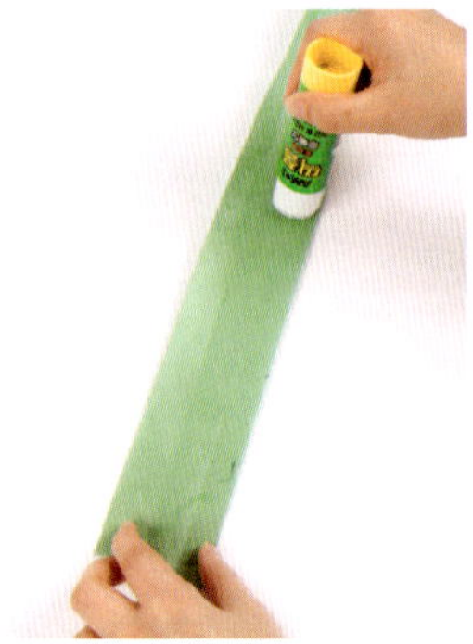

21 접은 한지에 풀칠을 한다.

22 원통둘레에 **21**을 붙 여준다.

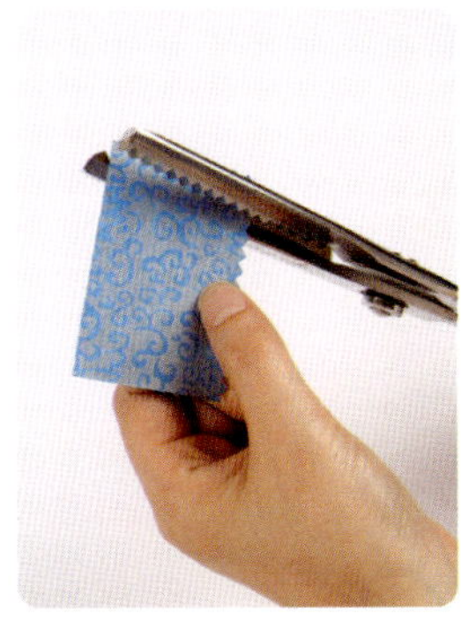

23 500원 동전 크기로 두 장을 핑킹가위로 오린다.

24 원통의 정 가운데에 **23**을 붙여준다.

25 윗면, 아랫면에 모두 다 붙인다.

26 포장이 완성된 모습 이다.

일정한 간격을 유지하며 접는다.

보자기식 포장

보자기 접는 방법으로 포장한다고 하여 보자기식 포장법이다.
한지를 놓고 상자를 움직이지 않는 상태에서 포장하는 방법으로
깨지기 쉬운 물건을 포장할 때 주로 쓰인다.

How to make

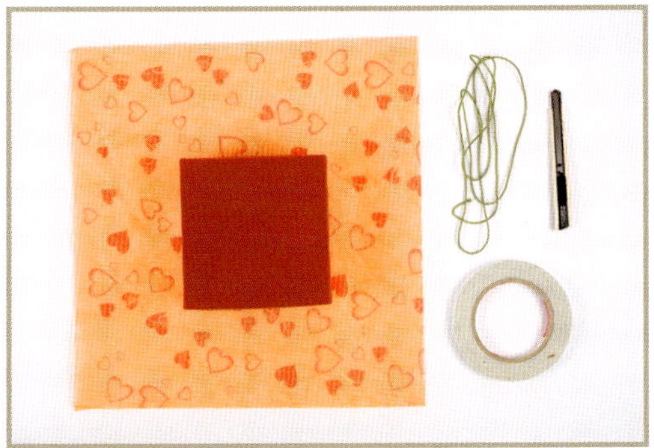

재료 한지, 상자, 매듭실, 칼, 양면테이프

01 한지를 마름모꼴로 놓고 모서리가 상자 끝 가운데 오도록 정사각형이 되게 한다.

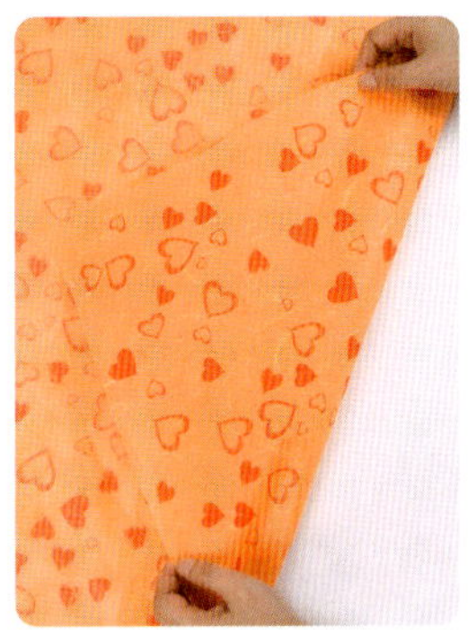

02 한지를 정사각형이 되도록 접는다.

03 크기에 맞게 칼로 재단한다.

04 상자를 재단한 한지 위에 놓는다.

05 한지의 한쪽 모서리를 상자 끝 가운데 오도록 한다.

06 반대쪽도 상자 끝 가운데 오도록 한다.

07 옆에 있던 모서리도 상자면과 모서리를 상자 높이면에 맞춰준다.

08 사진과 같이 양쪽 한지를 세워 맞춰준다.

09 한쪽씩 상자 윗면의 한지를 잘 만져 접어준다.

10 모서리 부분을 안쪽으로 접은 후 양면테이프를 붙여 고정시킨다.

11 매듭실을 상자에 돌려준다.

12 두 번 돌려 교차시킨 후 열십자 모양이 되도록 돌린다.

13 가운데 중심에서 매듭실을 묶어준다.

14 옷고름 모양으로 매듭실을 묶어주어 완성한다.

포장의 품격은 포장지뿐만 아니라 그 위에 장식되는 포인트가 무엇이냐에 따라 달라질 수 있다.
매듭실로 상자를 묶고 그 위에 노리개를 포장지 색상에 맞춰 선택하여 함께 묶어준다.

저고리 앞섶 포장

한복 저고리와 같은 모습의 포장법이다.
앞섶에 동정을 표현해 우리 한복과 같은 느낌을 주는 포장법으로
한지의 질감도 한복의 옷감과 흡사한 것을 선택한다.

How to make

재료 한지, 상자, 노리개, 양면테이프, 칼, 매듭실

01 한지의 크기를 정한다.(상자길이 둘레, 상자너비 둘레+윗면의 1/3)

02 정한 크기대로 재단한다.

03 상자의 윗면 2/3까지 한지를 감싼다.

04 한지 옆면 모서리에 각을 잡아준다.

05 각 잡은 한지를 접어준다.

06 반대쪽도 같은 방법으로 각을 잡아준다.

07 각 잡은 한지를 안쪽으로 접는다.

08 05에서 각 잡은 한지를 안쪽으로 접어준다.

09 남아 있는 날개 오른쪽도 각을 잡아준다.

10 09를 상자 위쪽으로 덮는다.

11 상자 윗면을 한쪽씩
덮는다.

12 남아 있는 날개 왼쪽
도 각을 잡아준다.

13 12를 상자 위쪽으로
덮는다.

14 먼저 접힌 부분을 양
면테이프로 붙인다.

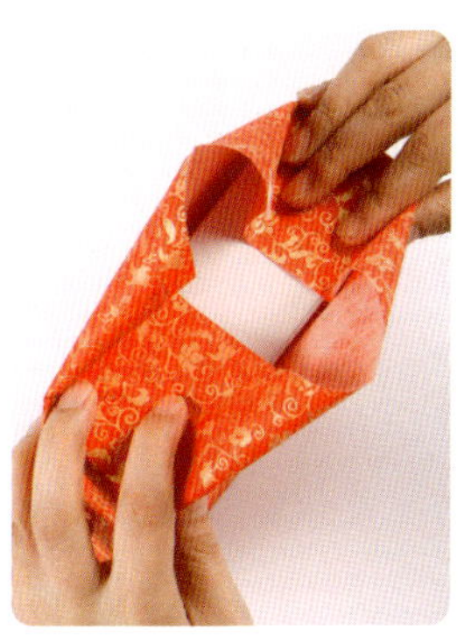

15 윗면이 끝나면 높이
부분의 양쪽을 안으
로 접는다.

16 아래쪽을 위로 접어
준다.

17 위쪽에 양면테이프
를 붙인다.

18 위쪽의 양면테이프
를 떼내면서 아래로
접어 붙여준다.

19 앞섶 옷깃을 만든다.

20 동정 길이만큼과 폭
2cm의 한지를 준비
한다.

21 한지에 풀칠을 한다.

22 한복의 동정처럼 앞
섶에 붙여준다. 왼쪽
도 같은 방법으로 붙여준다.

23 앞섶 길이만큼의 한지를 준비한다.

24 한지에 풀칠한다.

25 한지를 앞섶에 붙여준다.

26 매듭실로 상자둘레를 돌려준다.

27 두 번 돌려준다.

28 돌린 후 묶어준다.

29 옷고름 모양으로 한 번 더 묶어준다.

30 포장이 완성된 모습이다.

한지 포장의
모든 것

문양

점·선·면·색의 구성이나 그들의 질서 있는 배열로 만들어지는 것을 무늬라 하고 무늬를 이루는 결들을 문양이라 한다.

문양은 의식 반영의 결과로 표현되는 것으로 모든 민족과 문화권에서 각자의 특성에 따라 쓰여 왔으며, 문화의 발전과 교류에 따라 다양하게 변화되어 왔다.

문양이 처음 만들어진 초기 단계에는 종교나 사상적인 의미를 담은 구체적인 형상이었지만 그것이 의미하는 내용이 점차적으로 복잡하고 토착화되면서 단순한 디자인으로 바뀌기 시작했다.

문양은 그것을 만들어 내고 쓰는 사람들의 세계관 혹은 종교관을 담고 있는 것이기 때문에 문양의 변천에 따라 그것을 이용하는 사람들의 의식 변화나 생활의 변화상을 파악할 수 있는 증거가 되기도 한다.

우리의 문양은 골무, 주머니, 보자기, 옷감, 도자기, 떡살, 기와 등 의식주를 망라한 일상생활은 물론 사찰과 궁궐에서도 찾아볼 수 있다. 우리의 전통 문양은 동양 문화에 흐르는 이상주의적 영향을 받아 단순하지만 해학미가 강한 것이 특징이다.

자연에 대한 경배가 남달랐던 우리 조상들은 특히 자연 현상에서 모티브를 많이 가져왔으며 사실적 표현부터 기하학적인 표현까지 독자적인 조형적 특성을 보여주고 있다.

❖❖ 식물 문양

- **연꽃**: 윤회를 상징한다. 고구려와 백제 고분에서 흔히 볼 수 있으며, 속세에 때 묻지 않은 청정함을 상징하여 불교 공예나 조각품의 장식으로 많이 사용되었다. 한데 얽힌 연뿌리와 줄기는 형제애를, 열매와 씨앗은 다산과 연관되어 길상 문양으로 사용되었다.
- **모란**: 부귀와 명예를 상징한다. 천향국색(天香國色)의 꽃 중의 꽃으로, 진선진미(盡善盡美)와 화목을 상징하며 복식은 물론 가구의 장식에도 널리 사용되었다.

- **매화** : 사군자의 하나이며 고려 이래로 미술에서 다양하게 다루어졌다. 성적인 의미를 내 포하고 있기도 하여 기생집 침상 도구에서 매화 그림이 많이 보였다.
- **인동당초** : 덩굴 식물의 생김새로 장수의 의미가 있었으며 불교적인 장식 문양으로 많이 쓰였다. 통일신라에 시작하여 고려시대에 절정을 이루었다가 점차 쇠퇴하여 조선조에는 가구 공예품에 단순화되어 쓰였다.
- **국화** : 고려 이후 각종 공예품에 사용되었다. 사군자의 하나로 고고한 기품과 절개를 상징 한다 하여 선비나 화가들의 사랑을 받았다.
- **포도** : 다산, 장수, 풍요, 건강을 의미한다. 포도 그림을 집안에 두거나 포도 모양의 구슬 로 목걸이를 만들어 몸에 지니면 가문이 번창한다고 한다. 포도당초문(葡萄唐草紋)은 불 로장생의 상징으로 공예품과 가구, 의복 등에 사용되었다.

❖❖ 동물 문양

- **봉황** : 군왕을 상징하는 상상속의 새로, 부부의 애정을 표현하는 곳이나 부인들의 머리 장 신구나 민예품에 많이 쓰였다.
- **용** : 전통적으로 고귀하고 신비로운 존재로 왕을 상징한다. 삼국시대 이후 호국신앙으로 발전하면서 불교의 팔부중(八部衆)의 하나로 수용되었다. 관계(官界) 진출이나 과거급제 의 상징이기도 하다.
- **거북(현무)** : 십장생의 하나로 장수를 상징한다. 동방의 청룡과 남방의 주작, 서방의 백호 와 함께 사신(四神)의 하나로 신성하게 여겨졌다.
- **학** : 승화나 초월 등과 관련되어 있으며 문관의 관복 흉배에 수놓은 것으로 보아 관직과 연관되었음을 알 수 있다. 고려시대에는 상감청자에, 조선시대에는 청화백자와 자수품 등 각종 민속공예품이나 건축의장, 민화 등에서 십장생의 하나로 쓰였다.
- **호랑이** : 우리나라에서는 다른 나라들과 달리 다정하고 친숙한 모습의 호랑이 문양이 많 이 보인다. 용험스러운 짐승이라 화재, 수재, 풍재를 막아주고 병난, 질병, 기근의 세 가

지 고통에서 지켜주는 신비로운 힘이 있다고 믿었다.

- **기린** : 기린(麒麟)은 봉황과 마찬가지로 상상속의 동물로 인자한 존재로 여겨져 기린이 나타나면 성군이 나타날 징조로 여겼다.
- **물고기** : 해초와 꽃나무 바위와 어우러져 평화스러운 낙원의 세계를 보여준다. 밤낮없이 눈을 뜨고 있어 경계나 수행 등의 의미도 지니고 있다.

❖❖❖ 기하학적 문양

- **구름** : 뭉게구름은 계절의 변화를, 짙은 먹구름은 흉변의 징조를 나타내는 것이고, 오색 영롱한 구름은 신성현시의 징조로 여겨졌다.
- **번개** : 자연이 인간에게 내리는 계시를 의미하는데 보통은 징계의 의미를 담고 있다. 번개를 상징하는 지그재그나 지(之)자 모양의 무늬는 신석기 시대부터 꾸준히 사용되고 있다.
- **원** : 신령스러움, 거룩함을 일깨우는 충족감, 만족감, 풍요 등을 상징한다. 우주 또는 태양과 달을 상징하는 원은 고구려 고분 벽화에서도 볼 수 있다.
- **창호** : 여러 종류의 다양한 창호의 살 무늬는 특유의 서정적 느낌을 자아내는 것으로 수(壽), 부(富), 강녕(康寧), 유호덕(攸好德), 고종명(考終命)의 오복을 상징하는 도상으로 꾸며진다.
- **태극** : 음양의 원리로 갈리기 이전 원초적인 상태를 표현한다. 우리나라를 상징하는 것으로 음양 상화의 표상이다.

❖❖❖ 기타

- **문자도** : 충효 또는 삼강오륜의 교훈적 의미이거나 길상적인 뜻을 지닌 글자를 통하여 바라는 소망을 이루고자 하는 의도를 지닌다.
- **만(卍)자** : 부처의 가슴에 있는 길상의 표시이다. 불가에서는 불심의 상징으로 존재의 바퀴 또는 윤회를 나타낸다. 불교와 관련한 건축물, 공예품, 법복 등에 문양으로 사용된다.

 ## 문양 파기

인터넷 검색창에 '한국의 전통 문양'을 치면, 다양한 문양을 볼 수 있다.

01 문양을 프린트하여 모양대로 오린다.

02 문양과 한지 여러 겹(3~5장)을 겹쳐 스테이플러로 고정시킨다.

03 바닥에 신문지를 두툼하게 깔고 칼끝으로 오려 파낸다.

 ## 매듭끈 만들기

01 한지를 길게 잘라 양면테이프를 붙인다.

02 양면테이프를 떼어내면서 꼬아준다.

03 세 가지 모두 꼬아진 모습이다.

04 한지 세 가닥을 머리 따듯이 따준다.

05 끝부분에 매듭을 지어 마무리한다.

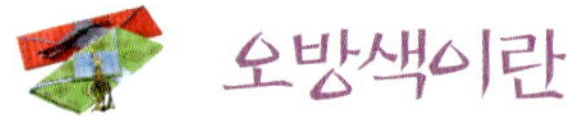

오방색이란

우리 문화를 한마디로 정리하면 조화(調和)의 추구이다. 채워주고 받는 어울림 속에서 자연과 우주의 원리에 거스르지 않고 세상의 질서를 유지하고자 하는 것이다. 오방색에도 이런 사상이 투영되어 정확한 수치로 표현되는 서양의 색체계보다는 음양오행을 바탕으로 구성되어 관념적인 의미에 중점을 두고 만물과의 조화로운 질서 유지에 무게를 더 두었다.

음양오행(陰陽五行)이란 천지만물은 음(陰)과 양(陽)의 두 기와 화(火), 수(水), 목(木), 금(金), 토(土)의 다섯 가지 오행으로 이루어져 있으며, 이 두 가지가 서로 조화와 균형을 이루어야 세상의 질서가 유지된다는 철학이다.

이런 의식에 따라 적(赤), 청(靑), 황(黃), 백(白), 흑(黑)의 다섯 가지 색을 기본으로 하여 색을 표현한 것을 오정색(五正色)이라 하였다. 이 다섯 가지 색이 각자 동, 서, 남, 북, 중앙의 다섯 방위와 짝을 이룬 것이 오방색(五方色)이다.

오방색은 우리의 의(衣), 식(食), 주(住) 생활 전반에 깊은 영향을 끼쳤다. 부인들의 가례복인 녹의홍상, 연지곤지, 색동저고리, 오색고명, 팥죽, 시루떡, 단청 등이 이러한 영향을 받은 것들이다. 우리 조상들은 이렇게 쉬이 생각할 수 있는 것들에도 하나하나 의미를 부여하여 먹는 것, 입는 것, 사는 곳 등에 소홀함이 없도록 한 것이다.

❖❖ 오방색의 의미

- **적색(赤色)** ■ : 적(赤), 홍(紅), 주(朱)를 총칭한다. 방위는 남(南), 계절은 여름(夏), 오행에서는 화(火)를 뜻한다. 주로 잡귀의 접근을 막기 위한 의도로 사용되었다.

- **황색(黃色)** ■ : 방위는 중앙(中央), 오행으로는 토(土)를 뜻한다. 오방색의 중심으로 가장 고귀한 색으로 여겨졌다. 태양과 가장 가깝다는 뜻에서 '황도'라고도 일컬으며 광명과 생기의 정화로 보았다.

- **청색(靑色)** ■ : 청(靑), 녹(綠), 감(紺)의 개념을 포함한다. 방위는 동(東), 계절은 봄(春), 오행에서는 목(木)을 뜻하는 색이다. 창조, 신생, 생식을 상징하는 색으로 양기가 강하다.

- **백색(白色)** □ : 소색(素色) 또는 지색(紙色)이라고도 한다. 방위로는 서(西), 계절은 가을(秋), 오행으로는 금(金)을 뜻한다. 결백과 삶, 낮, 순결 등을 뜻하는 것으로 우리 민족이 흰색 옷을 즐겨 입는 원인이 된다.

- **흑색(黑色)** ■ : 방위로는 북(北), 계절로는 겨울(冬), 오행으로는 수(水)를 뜻한다. 밥, 죽

음, 까마귀 등을 상징하는 것으로 북방의 흑색은 만물의 생사를 관장하는 신으로 여겼다.

❖❖ 오방색의 의미와 상징성

오행	방위	오정색	계절	오상	오장	오관	오미	오음
목(木)	동	청	봄	인(仁)	간장	눈	신맛	궁
화(火)	남	적	여름	예(禮)	심장	혀	쓴맛	상
토(土)	중앙	황	사계절	신(信)	비장	몸	단맛	각
금(金)	서	백	가을	의(義)	폐장	코	매운맛	치
수(水)	북	흑	겨울	지(智)	신장	귀	짠맛	우

천년의 아름다운 한지

한지는 원료, 쓰임새, 크기와 두께, 종이의 질, 생산지 등의 분류 기준에 따라 그 종류를 나눌 수 있는데 종류와 명칭만 해도 백 가지가 넘었다.

하지만 지금은 한지에 대한 관심과 쓰임새가 현저히 줄어 대부분 자취를 감추고 몇 가지 종류만 사용되고 있다.

❖❖ 한지의 특성

한지는 식물성 섬유나 지역에서 나는 농산물의 부차적 생산품을 원료로 활용하여 만든다.

이 가운데 종이를 만드는 주재료인 닥나무의 질긴 섬유질은 눈처럼 희고 질긴 고유의 우리 한지의 특성을 이룬다.

제작 과정에서도 중국이나 일본에서처럼 자르지 않고 두들겨서 섬유질을 부드럽게 만든다. 이는 한지의 특성을 살리는 제조 방법으로 긴 섬유질이 그대로 살아나 질긴 한지가 만들어지게 되는 것이다.

한지는 질기기만 한 것이 아니라 보온성과 통풍성이 뛰어나며 수명 또한 다른 종이에 비해 월등히 오래간다. 뿐만 아니라 일반 양지는 50~100년 정도 지나면 삭아버리지만 한지는 시간이 갈수록 결이 고아지고 천년 이상 간다. 뿐만 아니라 한지는 습기를 빨아들이고 내뿜어 바람을 잘 통하게 한다.

❖❖ 한지의 종류

■ 원료에 따른 분류

• 고정지(藁精紙) : 구리짚을 원료로 하여 만든 종이

• 등지(藤紙) : 등나무를 원료로 만든 종이

• 마골지(麻骨紙) : 마의 대를 잘게 부수어 섞어 만든 종이

• 마분지(馬糞紙) : 짚을 잘게 부수어 섞어 만든 종이

• 분백지(紛白紙) : 분을 먹인 흰 종이

• 상지(桑紙) : 뽕나무 껍질을 섞어 만든 종이

• 송엽지(松葉紙) : 솔잎을 잘게 부수어 섞어 만든 종이

• 송피지(松皮紙) : 닥나무에 소나무 속껍질을 섞어 만든 종이

• 유목지(柳木紙) : 버드나무를 잘게 부수어 섞어 만든 종이

• 유엽지(柳葉紙) : 버드나무 잎을 섞어 만든 종이

• 태장지(苔壯紙) : 털과 같이 가는 해초를 섞어 만든 종이

• 태지(苔紙) : 이끼를 섞어 만든 종이

• 황마지(黃麻紙) : 황마를 섞어 만든 종이

• 백면지(白綿紙) : 다른 원료와 목화를 섞어 만든 종이

■ 크기, 두께에 따른 분류

• 각지(角紙) : 가장 두꺼운 종이

• 강갱지 : 넓고 두꺼운 종이

• 대호지(大好紙) : 품질이 그리 좋지 않은 넓고 긴 종이

• 삼첩지(三疊紙) : 백지보다 두껍고 장황이 크고 누런 종이

• 선익지 : 두께가 잠자리 날개처럼 얇은 종이

• 장지(壯紙) : 좁고 짧은 종이

■ 용도에 따른 분류

• 간지(簡紙) : 편지 등에 쓰이는 두루마리 종이

- 갑의지(甲衣紙) : 병졸들이 겨울옷 속에 솜 대신 넣었던 종이
- 관교지(官敎紙) : 나라 또는 관아에서 교지 명령을 내릴 때 썼던 종이
- 도배지(塗褙紙) : 도배용으로 썼던 종이
- 배접지(褙接紙) : 화선지 등 종이 뒷면에 붙여 썼던 종이
- 봉물지(封物紙) : 봉물에 썼던 종이
- 상소지(上疏紙) : 상소를 올릴 때 썼던 종이
- 선자지(扇子紙) : 부채를 만드는 데 썼던 종이
- 소지(燒紙) : 신에게 소원을 빌 때 태워 올리는 종이
- 시전지(時箋紙) : 한시를 썼던 종이
- 시지(試紙) : 과거시험 칠 때 썼던 종이
- 장판지(壯版紙) : 방바닥에 바르는 종이
- 저주지(楮注紙) : 주화를 만들었던 종이
- 족보지(族譜紙) : 족보를 만들 때 썼던 종이
- 주유지(注油紙) : 양산을 만드는 데 썼던 종이
- 창호지(窓戶紙) : 문을 바르는 종이
- 책지(冊紙) : 책 만드는 데 썼던 종이
- 표지(表紙) : 책의 표지로 썼던 종이
- 피지(皮紙) : 피닥지로 만든 질이 낮은 종이
- 화본지(畵本紙) : 글체의 본을 썼던 종이
- 화선지(畵宣紙) : 그림을 그리거나 글을 썼던 종이

■ 색채에 의한 분류

- 운화지(雲花紙) : 강원도 평강(平康)에서 나는 백색의 닥종이로, 구름과 같이 희다고 하
  여 붙은 이름이다.
- 죽청지(竹靑紙) : 대나무 속껍질처럼 희고 얇은 데서 나온 명칭이다.
- 황지(黃紙) : 고정지 또는 그와 같이 누런 빛깔의 종이를 가리킨다.

이벤트 선물 포장

2012년 1월 25일 인쇄
2012년 1월 30일 발행

저자 : 김혜정
펴낸이 : 남상호

펴낸곳 : 도서출판 **예신**
www.yesin.co.kr

140-896 서울시 용산구 효창원로 64길 6
전화 : 704-4233, 팩스 : 335-1986
등록번호 : 제03-01365호(2002. 4. 18)

값 15,000원

ISBN : 978-89-5649-096-0